国家示范性高等职业院校素质教育教材

职业素质基础

王永福　李世红　袁跃兰　主　编
刘　焰　主　审

人民交通出版社

内容提要

本书以企业需求为目标，以实用够用为原则，结合实际，强调职业能力的培养和职业意识的树立。

全书共分六章，分别为：职业理念、职业道德素质、职业心理素质、职业能力素质、沟通、职业形象。主要内容包括：职业理念的确立，职业生涯的规划，职业道德的建立及修养，职业心理素质的培养和调整，职业学习能力、人际关系运作能力、应变能力、创新能力、执行力的建立及提升，沟通技巧的提升和职业形象的树立等。

本书可作为普通高等学校、高等职业院校相关课程的教材，也可以作为职业人员的知识性读物。

图书在版编目(CIP)数据

职业素质基础/王永福等主编. —北京：人民交通出版社，2010.3

国家示范性高等职业院校素质教育教材

ISBN 978-7-114-08250-4

Ⅰ.①职… Ⅱ.①王… Ⅲ.①职业道德－高等学校：技术学校－教材 Ⅳ.①B822.9

中国版本图书馆 CIP 数据核字(2010)第 039114 号

书　　名：国家示范性高等职业院校素质教育教材
职业素质基础

著 作 者：王永福　李世红　袁跃兰

责任编辑：卢仲贤　张　悦

出版发行：人民交通出版社

地　　址：(100011)北京市朝阳区安定门外外馆斜街 3 号

网　　址：http://www.ccpress.com.cn

销售电话：(010)59757969,59757973

总 经 销：人民交通出版社发行部

经　　销：各地新华书店

印　　刷：北京市密东印刷有限公司

开　　本：787×1092　1/16

印　　张：8

字　　数：130 千

版　　次：2010 年 3 月　第 1 版

印　　次：2010 年 3 月　第 1 次印刷

书　　号：ISBN 978-7-114-08250-4

定　　价：15.00 元

贵州交通职业技术学院教材编写委员会

序

《教育部关于全面提高高等职业教育教学质量的若干意见》(教高[2006]16号)明确指出:"高等职业教育作为高等教育发展中的一个类型,肩负着培养面向生产、建设、服务和管理第一线需要的高技能人才的使命"。探索类型发展道路、构建高技能人才培养模式、开发特色教学资源,是高职院校的历史责任。

2007年,贵州交通职业技术学院进入国家示范性高等职业院校建设单位。国家示范性院校建设的核心是专业建设,而课程和教材又是专业建设的重要内容之一。如何通过课程的建构来推动人才培养模式的改革和创新?教材编写工作又如何与学校人才培养模式和课程体系改革相结合?如何实现课程内容适合高素质技能型人才的培养?这均是学院示范性建设中的重要命题。

令人欣慰的是学院教师历经3年的不断探索和实践,为学院示范建设作出了功不可没的成绩。其中教材建设就是部分成果的体现,也是全体专业教师、一线工程技术人员共同的智慧结晶和劳动成果。在这些教材中,既有工学结合的核心课程教材,也有专业基础课程教材。无论是哪种类型的教材,在编写中,学院都强调对教材内容的改革与创新,强调示范性院校专业建设成果在教材中的固化,强调教材为高素质技能型人才培养服务,强调教材的职业适应性。因为新教材的使用,必须根植于教学改革的成果之上,反过来又促进教学改革目标的实现,推进高职教育人才培养模式改革。

本教材与传统教材相比有如下三个方面的特点:

第一,该教材由原来传统知识体系的章节结构形式,改为工作过程的项目、模块结构形式;教材中的项目来源于岗位工作任务分析确定的工作项目所设计的教学项目,教材中的模块来源于完成工作项目的工作过程。

第二,教材的内容不再依据相关学科的理论知识体系,而来源于相应岗位的工作内容。教学内容的选取依据完成岗位工作任务对知识和技能的要求,建立在行业专家对相应岗位工作任务分析结果和专业教师深入行业进行岗位调研结果的基础上。注重学生实践训练、培养学生完成工作的能力。

第三,教材不再停留在对课程内容的直接描述,而是十分注重对教学过程的设计,注重学生对教学过程的参与。在教材的各个项目之前,一般都提出了该项目应该完成的工作任务,该任务可能是学习性的工作任务,也可能是真实的工作任务。

在这些教材的编写过程中，也倾注了相关企业有关专家的大量心血和辛勤劳动，在此谨向他们表示衷心的感谢！由于开发时间短，教学检验尚不充分，错误和不当之处难免，敬请专家、同行指教。

贵州交通职业技术学院教材编写委员会

2009.11.20

前　言

社会的进步和时代的发展，要求职业人员不仅要有较高的专业技术水平，而且还要有与之相适应的较高的职业素质。职业素质是衡量一个职业人员成熟度的重要指标。从个人的角度来看，适者生存，个人缺乏良好的职业素质，就很难取得突出的工作业绩，更谈不上建功立业；从企业角度来看，唯有集中具备较高职业素质的人员才能实现生存与发展的目的，他们可以帮助企业节省成本，提高效率，从而提高企业在市场的竞争力；从国家的角度看，国民职业素质的高低直接影响着国家经济的发展，也是社会稳定的前提。

“职业素质基础”是高等职业学校各类专业的一门必修课程。它的任务是培养学生成为爱岗敬业、踏实肯干、谦虚好学、善于与人合作，安心在生产、建设、管理和服务等岗位工作的人员；同时培养学生能以良好的职业理念和职业道德、健康的职业心理素质、卓越的职业能力和优雅的职业形象，使学生成为企业所需要的合格职业人才。

本教材以企业需求为目标，以实用够用为原则，结合案例分析，深入浅出地介绍了职业理念、职业道德的建立，职业心理素质、职业能力素质的培养以及职业形象的树立等内容，通俗易懂、内容充实，力求具体实用。

本教材由贵州交通职业技术学院王永福、李世红、袁跃兰担任主编。具体编写分工如下：李敏负责编写第一章，袁跃兰负责编写第二章，王永福、王欣负责编写第三章，李世红负责编写第四章，彭静负责编写第五章，王茵负责编写第六章。本教材由贵州交通职业技术学院刘焰主审，同时本教材还得到贵州省汽车修理公司李晓南总经理的大力支持和合作，在此表示感谢！

本教材在编写过程中，编者参阅了许多文献资料，在参考文献中未能一一列出，借此，向这些著作和文献资料的原作者表示衷心的感谢！

“职业素质”内涵丰富，涉及知识面广，限于编者水平和实际经验有限，书中不妥和谬误之处在所难免，恳请使用本教材的老师和读者批评指正。

编者

2010 年 1 月

目　录

第一章 职业理念

1. 理解职业、职业理念、职业生涯、职业生涯规划等概念；
2. 掌握职业理念的内容；
3. 掌握职业生涯规划的内容、实施方案；
4. 了解职业生涯规划容易存在的问题；
5. 学会制订职业生涯规划。

第一节 概 述

一、职业与职业理念

（一）职业的概念

职业是人们维持生计，承担社会分工角色，发挥个性才能的一种持续进行的社会活动。

职业也可以理解为人们参与社会分工,利用专门知识、技能为社会创造物质财富、精神财富,获取合理报酬,作为物质生活来源,并满足精神需求的社会活动。

职业必须满足以下特征:

1. 同一性。某一类别的职业内部,其劳动条件、工作对象、生产工具、操作内容相同或相近。由于环境的同一,人们就会形成同一的行为模式,有共同的语言习惯和道德规范。

2. 差异性。不同职业间存在着很大差异,劳动条件、工作对象、工作性质等都有所不同。随着社会的进步,经济体制的改革,新的职业还会不断涌现,各种职业间的差异也会不断变化。

3. 层次性。从社会需要角度来看,职业并没有高低贵贱之分,但是,现实生活中由于对从事职业的素质要求不同以及人们对职业的看法或舆论的评价不同,职业有了层次之分,不同层次由不同职业的体力、脑力劳动付出、收入水平、工作任务轻重、社会声望、权力地位等因素决定。

4. 时代性。职业具有时代性,我国出现过的当兵热、从政热、下海热、外企热等,都反映出特定时期人们对某种职业的热衷程度。

职业具有多方面的功能:

1. 维持生计。人们有各种各样的需求,其中对金钱的需求在现代社会是相当强烈的。在市场经济中,金钱就代表着物质享受。人们只有通过某种职业的劳动而获得收入,以满足更加富裕的生活需求。因此,维持生计是职业的第一需求。

2. 承担社会分工角色。职业必须要担当某种社会角色。因为职业是因社会需要而产生的,是人们参与社会分工过程中形成的。在现代化社会中,职业不仅仅具有个人的意义,而且具有社会性意义。社会性意义之一就是职业的社会评价,另一个意义就是社会分工。一个人所从事的职业决定了他的社会地位,即职业的地位,也是展示个人能力的一种社会评价。

3. 发挥个性。最大限度地发挥自己的个性和才能的职业是必要的,这样,才能满足自己的职业需要,使自己能够成长。职业没有高低之分,任何职业具有同等的社会价值。人们通过从事能充分发挥个人才能的职业,对社会作出贡献,并获得满足。今后人们越来越对有意义的生活抱有强烈的愿望,越来越倾向于追求能发挥个性的职业。

(二)理念的概念

理念也可以称之为观念,它是指导人们行动的指导思想。我们可以从以下方面去理解它。

1. 理念是理想和信念。许多人从小都有一些职业的理想,人的理想和信念一旦确定，就会为实现他的理想和信念去努力。那些执著于将美好的理想和信念付诸行动的人，往往是社会的强者。而要达成这样的境界，需要的是决心、毅力和勇气。只要拥有理想和信念，执著追求，就会享受成功的喜悦。

2. 理念是理论和观念。它来自于人的实践，又能指导实践。一个在社会中生存和发展的人，需要学习前人经验的总结，需要重视学习和接受科学的理论和观念。理论一经群众所掌握，就会变成巨大的物质力量。诸如在企业中，企业全面质量管理、市场导向等生产和销售的理论，如果为大多数职员所掌握，就会变成企业的一种共识，就会变成企业巨大的创造力量。理论和观念是不会自发产生的，在企业中先进的理论和观念是需要灌输的，作为企业员工应该乐于接受这样的灌输，自觉地接受企业的培训或教育。

3. 理念是道理和概念。社会各个行业中有很多管理制度和办法，它的存在是有它内在的道理，这里面折射出行业管理的基本道理和概念。行业要发展，一定要提高管理水平，往往会带给员工很多束缚，要求从业人员应该服从行业发展的大局，理解行业，支持行业，与行业一起成长。

由此可见，理念是人们主导行为的主观意志，它是个人行为的指南，树立正确的理念对个人的成长与发展极为重要。

（三）职业理念的概念

职业理念是人们从事职业过程中所形成的职业意识，职业的指导观念。职业理念也可以理解为职业价值观，有什么样的职业价值观，就会有与之相应的职业行为。社会在不断前进，社会各行业所面临的环境也在不断地变化，社会行业只有适应这种环境的变化才能生存和发展。职业理念也是动态的，需要适时选择和调整职业理念，使职业理念随时更新。

二、职业理念的内容

职业不同，职业理念则具有不同的特点，如医生的职业理念、会计的职业理念、图书馆馆员的职业理念、公务员的职业理念等，但不同职业的职业理念都具有三个特点：

第一，职业理念必须是适宜的。一定的职业理念要和一定的社会经济发展水平相适宜，要适合从事职业所在区域的社会文化。脱离了从事职业所在区域的社会文化价值观，生搬硬套所谓某种“先进”的理念，一定会碰个头破血流。一定的职业理念要和一定的社会实际相结合。在美国这样的崇尚个人主义社会价值观的国度中，员工崇尚个人主义、英雄主义是很自然的。但在中国，我们更主张个人主义应该融入到职业团队中，立足本职岗位，发扬敬业精神，为企业作贡献，为个人谋发展。脱离国情的职业价值观是不能得到行业认同的。

第二，职业理念必须是适时的。任何超越或滞后的职业理念都会影响员工的职业发展。任何人的职业理念都应该是与时俱进的。从事职业处在什么样发展阶段上，员工就应该奉行什么样的适合从事职业发展阶段的职业理念。行业和企业的管理水平提升时，如果员工的职业理念仍停留在原来的阶段上，不学习也不改变，这样的员工不是被企业所淘汰，就是被自己所淘汰，因为他会感到与从事职业格格不入，他会厌倦工作。当然，员工的职业理念也不能太超前，脱离了从事职业发展的现实，而对从事职业提出许多苛求，其结果也是一样的，要么是不得志，要么被从事职业所谢绝。

第三，职业理念必须符合从事职业的管理目标。从事职业的成长过程，实际上是从事职业管理目标的实现过程。作为从业人员，必须充分了解从事职业管理目标，构建与适应从事职业管理目标一致的职业理念。应该不断地接受从事职业的教育与培训，加强学习，适应企业管理的要求。

以上我们给出了正确的职业理念判断标准，符合了这三条，就可以认为这样的职业理念是正确的。

现介绍现代企业员工的职业理念如下：

（一）敬业的理念

敬业，就是尊敬、尊崇自己的职业。如果一个人以一种尊敬、虔诚的心灵对待职业，甚至对职业有一种敬畏的态度，他就已经具有敬业精神。但是，他的敬畏心态，如果没有上升到视自己职业为天职的高度，那么他的敬业理念就还不彻底。只有将自己的职业视为自己的使命，正当地获取财富，实现自我职业发展的人，才可以称得上掌握了敬业理念的人。

现实中任何一家想在竞争中取胜的公司必须设法使每个员工敬业。没有敬业的员工就无法给顾客提供高质量的服务，也就无法让公司在市场竞争中取胜。敬业精神在今天受到重视的程度超过任何一个历史时期。任何一个要想让公司保持竞争优势的企业都会对员工提出敬业的要求，作为员工就应顺应这种趋势，不断深化自身的敬业理念。

体现在工作中，首先要做到自信，面对艰苦的工作，面对难题的挑战，坚信自己，一定能挑战难题，获得成功。其次，要主动工作，忠于职守，给自己装上一个发动机，不断地获取工作的成功。再则，要在工作中充满友爱，与工作中的团队紧密合作，以友爱、理解和亲和力，去体现自身的价值。

任何一项事业背后，必须存在着无形的精神力量。敬业精神本质上是一种信仰，它需要不断地充实，也需要人们不断地付诸行动。

(二)具有积极的心态

在人的一生中,不会一帆风顺的,总会遇到挫折和失败的。但是,如何在职业生涯中面对挫折和失败而不断进取,需要拥有一种职业理念,这就是积极的心态,也就是积极、奋发、乐观、进取的心态。

同样的一件事情,你对它的态度是积极的还是消极的,结果是很不同的。对于企业管理中的问题,如果你是用积极的心态不断地去发现问题、解决问题,企业就会不断地进步。相反,只会抱怨,只会挑刺,也许什么都不会改变。

怎样建立一个积极的心态?首先,你要具备自我创造的精神。你必须有一种坚定的意念,把它付诸行动,如果在行动过程中碰到了困难,你要下定决心,排除万难,去改进、去提高,在行动过程中实现自己的价值。其次,要心存感激,学会感恩。在日常生活中,我们很多人有这种经验,常常听到许多抱怨的话。在工作中,也常常出现上级埋怨下属工作不得力,而下属埋怨上级不够理解,反正对生活永远是一种抱怨,而不是一种感激,这样的一种工作或生活状态,实在是太不幸了。在工作和生活中,不能疏忽了感激,如果你内心中存在一种感激的心情,就会珍惜工作和生活中的许多东西,你也就会尽可能地利用这些条件做得更好。还有,培养积极的心态要学会称赞别人。在人与人的交往中,适当地赞美对方,会增强和谐,会提高工作的效率,你个人的价值也会得到对方的肯定。

(三)理解企业的理念

企业是社会经济的基本细胞,在企业工作,就必须在理念上端正对企业的认知。

首先,应当明确,企业是对社会作出贡献的组织。一个区域内,如果企业众多,它的经济就发达,就业就充分,社会也因此快速进步。因此,要珍惜到企业工作的机会,要争取为企业作贡献,要善待为社会作出贡献的企业家,不能用这种目光去看待企业家:即老板只是为了赚钱,要知道企业家主观为自己的同时,也为社会作了贡献。

其次,不能把企业看成是什么都完美的组织。如果有这种认识存在,而当企业不能满足你的要求时,你就会抱怨企业,那就不应该了。企业是不断完善的,即使是一个声名在外的知名企业,它也会有种种不足,也会不断地出现问题,重要的是作为企业的一员,要有义务不断地发现企业的问题,不断地去解决企业的问题。

再次,不能把企业当成慈善组织,对企业提许多无理的要求。企业是靠赢利获得生存和发展的,在企业的生存环境中,社会是不同情弱者的,企业只有做强者。所以企业会有许多制度，会有严格的管理，会不断提升技术含量，会要求员工不断参加培训提升素质，现代企业都是在这样一种奋斗状态中生存的。企业对社会的贡献是体现在它对社会所履行的经济义务上，而不是社会职能上。你永远也不可对企业提出不劳而获的要求，在向企业索取的时候，首先要想一想，你为企业做了什么？

企业都有自己的愿景和未来。作为企业的员工，应当为这种愿景和未来去创造，现实的待遇或许不是很高，很多创业的企业家也许负债累累，作为员工应该以创业者的理念融入到企业去中，为企业美好的愿景和未来去添砖加瓦。切不可一有风吹草动就动摇，与企业共患难，这是现代企业职工的美德。

（四）树立市场导向的理念

现代企业都处在激烈竞争的市场环境中，企业要生存和发展，一定要以市场为导向。

营销大师科特勒认为，市场营销是个人和群体通过创造并同他人交换产品和价值以满足需求和欲望的一种社会管理过程。

我们理解科特勒的这个经典定义，需要把握三个要点：

1. 营销的最终目标是"满足需求和欲望"，所以企业一定要以顾客为中心，发现顾客的欲望并满足他们，一定要热爱顾客。顾客是企业的生命线，顾客关系是企业最重要的关系之一。

2. 营销的核心是"交换"。这是一个互动的过程，所谓"顾客满意、企业赢利"，这是一对辩证的关系，企业从顾客那里希望得到的是利润，所以企业追求的是"满足有利润的需要"，顾客从企业那里得到的是使用价值和精神上的满足，所以他必须付出代价，任何对"交换"的曲解，都不符合现代市场经济基本精神。

3. 营销讲究的是整体过程，是一种社会管理过程。对一般企业而言，营销是企业在以消费者为中心的思想指导下所从事的经营活动过程，它包括了市场调研与预测、产品开发和生产、市场开发和拓展、财务管理乃至行政管理诸环节。企业在营销环节中只要有一处薄弱环节存在，就会影响整体营销水平，这就是人们常说的"木桶效应"。

菲利普·科特勒认为：企业所有部门为服务于顾客利益而共同工作时，其结果就是整合营销。整合营销发生在两个层次，一是不同的营销功能——销售力量、广告、产品管理、市场研究等必须共同工作；二是营销部门必须和企业的其他部门相协调。

随着中国市场经济的深入发展，营销正在走向一个按理出牌的时代，由于竞争越来越激烈，消费者也越来越成熟和理性，对企业来说，原有的营销理念和方法正面临挑战。理性营销正在成为一种趋势，任何公司都必须整合各种营销力量，努力为顾客创造价值。好的公司懂得满足顾客需求，但伟大的公司主动创造市场，而不是被动地满足顾客的要求。

营销中有一条必须永恒遵循的规律就是变化，要在风云变幻的市场环境中求生存、求发展，就需要进行相应的变化。应对变化的方法很多，其中重要的就是学习和创新，对企业而言，应对变化，不能迷恋经验而是要学习新的营销理念，要提高营销者的专业素质，要探索新的营销策略，以提升企业的营销力。

在企业中，处在不同价值链环节上的员工，往往因为与市场的距离关系而存在不同的市场理念。尤其对于在生产线上的员工而言，虽然你不是直接面对市场，但你在工作中必须牢记，你的产品会流向市场，你的工作成果最终要由市场来检验。通常，我们说要将心比心，假如你作为一位顾客购买了你企业生产的东西，你会提出什么样的要求，因而你同时也必须把这种要求带到工作中去，要始终具备下一道工序是满足客户要求的意识。

(五)学习的理念

现代企业要成长，必须重视学习与创新。企业超额利润的实现，在许多情况下是因为创新而获得的，所以，学习型的企业最能得到发展的机会。

学习型组织在今天已经成为各家企业一致的发展目标。企业的成长是一个持续的学习过程，在今天企业的每一项进步和发展都是通过学习实现的。比如开发一个新产品、引进一项新技术、改造企业的组织机构、推行新的管理制度等等，都需要企业更新原有知识，吸收或创造出新知识，这些都是一个个学习过程。

彼得·圣吉在《第五项修炼》这本著名的倡导构建学习型组织的书中指出，企业是一个系统，它像人一样可以通过不断的学习来提高生存和发展的能力。现实中，企业不能长期延续的原因往往是企业在学习能力上有缺陷和障碍，企业在学习能力上有缺陷，即“学习智障”，这种缺陷使企业在环境改变时不能迅速应变，从而损害了组织的生存和发展。

在20世纪70年代，终身学习的理念被提出，随即被引入到了企业管理中，成了学习型组织的一个理念来源。而“学习力”正是指一个人、一个企业的学习态度、学习方法、学习能力及终身学习的综合性表现。学习力，也是最活跃的创造力，因而也是一种最本质的竞争力。

学习力取决于人的学习愿望，处在这样一个竞争高度激烈的市场环境中的企业员工，应当高度重视学习理念的树立。要重视学习而带来的发展机会，在企业中工作，要学习企业的历史、企业的制度、企业的技术、企业的市场、企业内部的关系、企业的产品生产过程等。要重视企业给予的培训，从某种意义上讲，培训是企业给予员工最好的福利，它让你增长见识、了解过程、掌握技术，从而也在丰富你个人的价值，提高你本身的素养乃至竞争力。要重视学习能力的培养，读书、听课、拜师、考察、讨论、研究等等都是获得学习能力重要途径。要重视学习过程中的产出，学习的过程，也是一个产出的过程，只要你抱有良好的学习动机，掌握良好的学习方法，就能提高自己的学习能力，把远大的理想和现实的工作结合起来，活学活用，学以致用。

总之，知识改变人生，学习改变人的命运。学习的理念也是一个现代企业员工所必备的理念。历史上，企业从来没有像今天这样重视知识，关注学习，学习创造着我们的未来。

（六）做遵守职业道德的模范

做一个优秀的员工，在他的内心深处，还必须具备良好的职业道德意识。拥有良好的职业道德意识将会使一个员工受到社会的普遍欢迎。本书在第二章进行重点介绍。

三、职业理念的重要性

我们倡导树立正确的职业理念，作为员工职业生涯中的重要一环来对待，这是因为现代企业管理不同于传统的企业管理，它更需要企业员工的高度认知，才能形成有竞争力的企业能力。

职业理念对现代企业管理的重要性，体现在三个方面：

1. 指导员工的职业行为。员工的职业行为都是在一定的职业理念指导之下形成的，它会对企业管理构成实质性的影响。培养员工职业理念，促进企业发展，让员工得到实惠，同时企业在员工中树立榜样，达成共识，构建适宜的企业文化氛围，推动企业的发展，建立企业良好的声誉。

2. 使员工认识到工作的快乐。工作是人生活中最重要的组成部分，它不仅为人提供经济来源，而且是人在现代社会中保持身心健康的重要因素。

要愉快地工作和生活，就必须树立正确的职业理念，工作是为了创造，工作是为了个人的发展，工作是为社会作贡献，工作着是幸福的。

要克服自卑感。自卑是一种不健康的心态，是一种认为自己不可能成功的心理状态，有自卑感的人常常觉得自己事事不如人，因此，在面临新工作和新环境时，显得手足无措，他心中的创造力全被抑制了，留下的只有无所作为的思想，这样他就不可能去树立正确的职业理念。

3. 使员工跨上新的职业台阶。正确的职业理念，对员工的职业生涯具有良好的指引作用,使员工自觉地改变自己,跨上新的职业台阶。

正确的职业理念可以提高员工的职业修养。加强员工的职业培训能使企业的质量管理水平得到提高。只有员工的职业理念先进了,企业才能达成共识,管理才能上台阶,反过来员工的职业生涯也会因此上新的台阶,由被动适应企业管理变为自觉适应企业管理。

第二节 职业生涯规划

一、职业生涯规划的概念

(一)生涯的概念

生涯一词,在英文中是 career,具有人生经历、生活道路和职业、专业、事业的含义。人们普遍把"生涯"理解为人的一生,一个人的一生中可以包括很多不同的生涯组成部分,如:学习生涯、家庭生涯、职业生涯等。而职业生涯是其中一个重要的部分,是人生价值的核心体现的重要过程。不同的学者对生涯的定义还有很多不同的理解。但是目前大多数的学者能接受的生涯定义基本来自于美国著名职业管理学家舒伯的看法。舒伯认为,"生涯"是生活里各种事件的方向。它融合了个人一生中各种职业和生涯的角色,由此表现出个人独特的自我发展状态,它也是人生青春期至退休所有报酬和无报酬职位的综合,除工作之外还包括所有与工作有关的各种角色。

(二)职业生涯的概念

职业生涯可以是指个人终身从事工作或者职业等有关活动的过程。不同学者对职业生涯有不同的解释和看法。美国职业生涯理论专家施恩将职业生涯划分为"内职业生涯"与"外职业生涯"。"内职业生涯"比较侧重自身所取得的职业成就或主观感情的满足以及工作事务、家庭事务与个人闲暇等各种需求之间的平衡;"外职业生涯"是指经历一种职业的过程,包括招聘、培训、晋升、解雇等发展阶段。中国学者吴国存认为,广义的职业生涯指从职业能力的获取、职业兴趣的培养、选择职业、就职、甚至最后完全退出职业劳动这样一个完整的职业发展过程;狭义的职业生涯指从职业学习开始,踏入社会从事工作直到职业劳动的最后结束,离开工作岗位为止的这段人生工作历程。

(三)职业生涯规划的概念

职业生涯规划(Career Planning),又叫职业生涯设计,是指个人在对自己职业生涯的主客观条件进行测定、分析、总结的基础上，对自己的兴趣、爱好、能力、特点进行综合分析与权衡，结合时代特点，根据自己的职业倾向，确定其最佳的职业奋斗目标，并为实现这一目标做出行之有效的安排。这个过程包括制订相应的工作计划，以及每一时段的顺序和方向的顺序。

任何一个具体的职业岗位，都要求从事这一职业的个人具备特定的条件，如学历层次、专业知识与技能水平、职业道德等，并不是任何一个人都能适应任何一项职业的，这就产生了职业对人的选择。个人的择业能力很大程度取决于个人所拥有的职业素质，而个人的时间、精力、能量毕竟是有限的，要使自己拥有较高的职业素质，就应该来选择适合自身优点的职业，将自己的潜能转化为现实的价值，这就需要对自己的职业生涯作出规划和设计。

每个人都生活在一定的人类社会历史进程中，从婴儿期的智力启蒙、世界观初建到学习继承期，世界观形成过程中，社会环境对人的影响无所不在。在社会环境的影响下，诸因素共同作用，最终生成的道德、品质，方法将对人的职业生涯产生重大影响，也将影响人的个人家庭生活。

人的一生，从职业生涯的角度可以划分为若干个阶段，每个阶段各有其重要任务。美国学者利文森（D. j. Levinson）1978 年提出了职业生涯“六个阶段说”，如表 1-1 所示，我们可以作为借鉴。

利文森的职业生涯六阶段　　表 1-1

年 龄 阶 段	生 涯 阶 段	主 要 任 务
16～22 岁	拔根期	多数人离开父母，争取独立自主，力求寻找工作，实现经济上的自我支持
23～29 岁	成年期	寻找配偶，建立家庭，做好工作，搞好人际关系
30～32 岁	过渡期	进展不易，忧愁较多，很多人改变工作和单位，以求新的发展
33～39 岁	安定期	有抱负希冀成功的人，将专心致志地投入工作，以求有所创新，取得成就
40～43 岁	潜伏的中年危机期	对大部分人来说，工作变动性降低，意识到年轻时的抱负，很多没有完成，希望获得生涯进展和改变方向的机会已经不多了
44～59 岁	成熟期	往往会满足于现状，希望安定下来，有的现实情况出现事与愿违，在组织内部的关系上才能得到发展和加深

每个人都应该认真考虑今生的职业定位，有一个长远的职业规划，为自己设定一个终生的职业理想，这个理想对社会，对个人都要有用。

二、职业生涯的规划

制订一份行之有效的职业生涯规划首先要正确认识自身的个性特征、现有与潜在的资源优势，对自己的价值进行定位并使其持续增值；对自己优势与劣势进行对比分析；树立明确的职业发展目标与职业理想；正确评估个人目标与现实之间的差距；职业定位要与实际相结合，搜索发现新的有潜力的职业机会；学会如何运用科学方法采取可行的步骤与措施，不断增强自身职业竞争力，实现自己的职业目标与理想。

职业发展的任务就是要逐渐把自己的职业愿望和要求，同自己的主观条件、能力以及社会现实的职业需要密切联系和协调起来。经过一段时期的实践和思考，对选定的职业和目标进行评价。在这个过程中，根据自己的兴趣爱好、所受过的教育以及其他方面，选择出自己想要从事的职业，并以此形成自己的职业发展目标。培养对职业工作的积极态度和良好的价值观，加深对所选职业工作及其组织的认识和理解，做好充分的准备，接受组织的文化，并培养自己高度的责任心和敬业精神。

（一）职业生涯规划的内容

职业生涯规划主要包括可行性分析、设定职业生涯目标、选择职业生涯发展路线等内容。

1. 可行性分析。目标是人的动力，通过努力，它可能会变为现实。但并不是所有的目标都能成为现实，因为目标的实现要受到主客观因素的影响和限制。只有充分分析主客观因素，目标才有可能成为现实。主观因素的分析就是自我分析，客观因素的分析就是要对社会、学校等因素进行分析。

（1）主观因素分析。认识自我，除了对自己的职业兴趣、性格加以认识之外，还应对自己的职业素质进行深入的分析。

（2）客观因素分析。对社会分析不仅要求了解国家或者所在地区的政治、经济、法制等方面的建设发展方向，而且也要了解所选职业在社会环境中的发展过程和目前的总体情况以及社会发展对职业的影响。

2. 设定职业生涯目标。通常在进行对主客观因素的分析之后，需要对自己的职业生涯目标进行设定，这是职业生涯规划的核心。一般来说，职业生涯目标分为短期目标、中期目标、长期目标和人生目标。短期目标一般为1～2年，中期目标一般为2～5年，长期目标一般为5～10年，而人生目标则是指个人的最终理想。

设定职业目标主要是为了激励自己的行动，因此目标的设定不能随心所欲，不合适的职业目标不仅不能起到激励作用，当受到挫折的时候，反而还可能打击自己的自信心，阻碍自己的发展。在确定目标的过程中要注意以下几方面的问题：

（1）目标要符合社会的需要；

（2）目标要适合自己的特点、优势；

（3）目标要高远，对自己的激励作用才能强烈并能不断提高自己的能力；

（4）目标要具体。

3. 选择职业生涯发展路线。在分析自己的需要、兴趣爱好、专业背景、社会环境并设定好自己的职业生涯目标之后，职业生涯规划就要求个人能为自己选择一条职业发展的路线。不同的发展路线对个人要求是不同的，发展目标也不同，因此需要首先选择职业生涯路线。

(1)专业技术型发展路线。专业技术发展路线是指计算机技术、工程技术、生物技等术专门性的专业方向。通常情况下，需要具有较强的专业技术知识、技能，同时对专业技术以及相关的工作感兴趣，有在这方面继续发展和提高的愿望。

(2)行政管理型发展路线。一般来说，管理工作需要从基层职能部门做起。如果在基层的工作中，一个人的才能和业绩得到体现和认可，那么他的行政职位就有上升的可能。一般来说，行政管理型发展路线和专业技术型发展路线之间可以相互转换，但前提条件是看主客观的条件，专业技术型发展路线向行政管理型发展路线的转换比较容易和常见，反之则存在不少的困难。

(3)自主创业型发展路线。自主创业对自身来说是一个挑战。自主创业对创业者的要求较高，不仅要求有一定的创业资金，还要求有一定的场地、设备以及渠道，还要有遭受挫折和失败的心理准备，但是也不是没有成功的可能。

(二)职业生涯规划的实施方案

1. 目标分解(确定阶段性任务)。实现一个宏远的目标不可能一蹴而就，必须分解成若干个易于达到的阶段性目标。目标分解就是将目标清晰化、具体化的过程，是将目标量化成可操作方案的有效手段。分解的具体方法是将人生目标分解为若干个长期目标，每一个长期目标都有一个具体的目的，然后再将每一个长期目标分解成各个中期目标，最后将中期目标分解成短期目标。每一种目标的特点和要求大致如下：

(1)长期目标。一般指时间为 5 年以上的目标。通常是不具体，比较模糊的，指明职业生涯发展的大致方向，可以随着形式的变化而变化。长期目标是个根据社会的需求做出的选择，有可能实现，但是实现的时间不能确定。长期目标能够在相当长的时间里对个人职业的发展和奋斗提供强大的精神动力。

(2)中期目标。一般指时间在 2 ~5 年之间的目标。相对长期目标，中期目标要更加具体一些。基本与长期目标保持一致。由于中期目标相对长期目标时间要求短，因此，合适的中期目标比较容易实现，同时也能增强自己的成就感。

(3)短期目标。一般指时间在 1 ~2 年之间的目标，是中期目标和长期目标的具体化。短期目标更加清晰、具体,明确规定了目标实现的时间和操作步骤。对于制订目标者来说,短期目标应该稍稍提高一点,不能太容易达到,一般要经过一定的努力才能达到。

2. 制订具体的措施。再好的规划,如果没有措施保证也只能是空谈。要想获得成功,就要制订可行性措施,逐步实现自己的规划。只有在有力可行措施的保障下,目标才能成为现实。具体措施主要有教育培训、实践锻炼两个主要的方面:

(1)教育培训。教育培训就是根据目标的分解,制订教育培训计划,它是提高就业竞争力、接近目标的重要策略。

(2)实践锻炼。接受教育培训是十分重要的,但是教育培训往往都受到基础性强和实践性弱的限制,一定程度上脱离了现实工作。要真正实现知识的积累、技能的培养和素质的提高还是要依靠平时的实践锻炼。实践锻炼能够使人们在理论学习中学到的知识和技能在实际操作中得到强化和锻炼。通过实践锻炼,能够让人了解实际工作的发展状况,认识到当今社会和职业需要什么样的人才,启发自己增强学习的动力。同时在实践中获得的体会将是自己宝贵的工作经验,对于今后的就业将是一项十分重要的优势。

(3)在进行职业生涯规划的实施过程中除了参加教育培训和实践锻炼之外,还有许多值得尝试,比如:注重与他人的沟通和交流,了解他人的想法和经验;通过与他人建立人际交往关系,为自己储备良好的人际资源等方式来实施自己的职业生涯规划。

三、职业生涯规划容易存在的问题

在职业生涯规划过程中,从实施规划的时期、自我认识、环境评估、职业定位、计划执行以及评估反馈等环节都暴露出一些问题,其中比较突出的是认识不够客观,规划和实施有些脱离实际,带有理想化的倾向,具体表现在以下几个方面:

1. 职业生涯规划实施较晚。计划实施自己的职业规划,目的不仅只是为了寻找一个适合自己的工作,而要明确职业选择只是职业生涯规划中的一个部分。职业规划不是个人面临就业时的解决问题的法宝,而是应当贯穿于整个教育的长期的过程。据一项对北京人文经济类综合性重点大学学生的调查中显示,大部分学生对自己将来的职业没有规划,对自己将来如何一步步晋升、发展没有设计的占62.2%,有设计的占32.8%,而其中有明确设计的仅占4.9%。

2. 自我评价不准确。目前各种媒体上有关职业规划的信息非常多,有的评测方法是直接从境外搬抄过来,不符合中国实际情况,有的干脆就是毫无科学性可言,使得目前大学生对自己的兴趣、特长、性格、学识、技能、智商、情商以及管理、协调、活动能力等方面缺乏完整准确的评价结果。所以,做职业生涯规划进行个人分析时容易出现自我评价不准确的情况。

3. 职业发展目标期望过高。有些人职业生涯规划中职业选择追求"三大"(大城市、大企业、大机关)、"三高"(高收入、高福利、高地位),不愿意从基础的职位开始工作。

4. 不了解社会的真实需要。特别是刚刚走出校门的学生,缺少社会实践经验,制订职业规划的时候过于主观,缺乏规划的宽广视野,使得不了解目前社会的职业结构体系及其变化,以及对某个专业人才的需求及其发展形势不明了。

5. 职业规划急功近利。在做职业生涯规划时,追求经济学上讲的"最小成本、最大收益",花费大量时间和精力在寻找"最佳规划"上,希望"一次规划,终身受益",或在做规划时面面俱到,不愿舍弃,在行动中也不愿从小事做起,碰到困难就不知所措,不会灵活采取调整措施。实际上,由于诸多因素的影响,一个人是无法做出一份十全十美的职业生涯规划的,随着外部环境变化和自身认识、能力的不断提高,职业生涯规划也是需要不断调整、与时俱进的。

职业生涯规划存在问题的原因如下:

1. 社会地位、经济因素的影响,忽视社会的真正需求。

(1)我国社会历来有轻视生产实践的倾向,"学而优则仕","劳心者治人,劳体者治于人"的思想根深蒂固。每个人从小就被教育要好好学习,只有这样以后才能当"干部",否则就要去做工人,从事被人看不起的工作。

(2)片面强调职业的经济收入。随着市场经济的发展,经济因素开始在职业生涯规划中占据着越来越重要的位置,往往以从事职业经济收入的多少和地位的高低而论,容易导致急功近利。

2. 我国的教育体系在教育内容和衔接上的不足。虽然提倡实施素质教育已经又很长时间了,但人们真正重视的还是学历教育和应试教育,这种传统教育思想的沿袭导致了学生在整个求学阶段中很少接触到职业世界的最新信息,为职业选择困惑埋下了伏笔。以大学生为例,根据舒伯的理论,我国大学生的大学时期处于过渡期,是个体进入劳动力市场或专门训练机构进一步完善自己的时期。大学毕业后三年为实践并作承诺期,个体选择一种自己认为适合自己特点的职业,并试图把它作为终身职业。但由于职业规划教育的空白,一般学生往往在进入高等院校之前,填报高考志愿的时候就带有很大的盲目性,而不少大学生在大学教育的过渡期内仍然没有找到比较明确的职业目标，错过了职业规划的最佳时期。

3. 不重视职业生涯规划教育。以我国的高校教育为例，高校的关注重心在教学、科研方面，就业指导被看作是学生工作的一部分，归入学生思想政治工作范畴，在实践中往往又被当作是一项行政管理职能，介入过多的事务性工作，没有意识到学生职业生涯辅导在育人中的重要作用，也没有认识到职业指导是一个专业性要求较高的职业领域，导致在政策上、资金上、设备上和人员上极少投入。出现大学生就业难问题后，的确引起了学校的关注，但学校关注的重点是就业率，并没有从根本上认识到要关心大学生的职业发展问题。

四、职业生涯规划的意义

职业生涯规划只要开始，永远不晚，职业生涯发展只要进步，总有空间。对职业生涯进行规划的意义在于：

1. 激发人们追求高层次的人生需要，形成积极上进的人生观。以科学的方法来正确地、全面地认识自我，了解社会对人才的需求，找出自己在知识上、能力上与社会需求的差距，确定自己的发展方向与目标。为了实现自己的人生目标，对职业生涯进行科学合理的规划，并通过规划采取实际的具体行动。

2. 树立职业生涯规划意识，提高职业生涯规划能力。要做好职业生涯规划，必须对个人的专业特长、兴趣爱好、性格特征、待人接物的能力、擅长的技能作充分地全面地分析，正确地评估自己，为自己定位，逐渐理清生涯发展方向，形成明确的职业意向，提升自己的生涯自主意识和责任，为事业发展做长远打算。

3. 确定职业生涯发展目标，以目标促进学习的自主性。职业生涯规划是为自己订立的心理契约，是对自己未来的美好承诺。在不断的学习和工作中，会制订出多方面的培养计划，并根据自己的爱好、实际能力和社会需求制订有效的实施步骤，然后，根据目标和进程不断总结并完善自己的计划，对职业生涯的不和谐之处进行矫正。

4. 增强就业的核心竞争力。好的职业及发展是学校培养质量、专业与社会需求、个人综合素质、就业观念、就业技巧等多种因素共同作用的结果。科学合理的职业生涯规划，按照步骤认真的执行，是提高个人的核心竞争力前提与保证。

5. 为未来的职业成功打好基础。做好一份有效的职业生涯规划，可以引导一个人正确认识自身的个性特征、现有与潜在的资源优势，帮助人们重新对自己的价值进行定位并使其增值，引导人们评估个人目标与现实之间的差距,学会如何运用科学的方法,采取可行的步骤与措施,不断增强职业竞争力,最终实现其职业目标和理想。

五、案例分析:美国知名企业家比尔·拉福的职业生涯规划

一个美国小伙子立志做一名优秀的商人。中学毕业后考入麻省理工学院,没有去读贸易专业,而是选择了工科中最普通最基础的专业——机械专业。大学毕业后,这位小伙子没有马上投入商海,而是考入芝加哥大学,攻读为期三年的经济学硕士学位。出人意料的是,获得硕士学位后,他还是没有从事商业活动,而是考了公务员。在政府部门工作了五年后,他辞职下海经商。又过了两年,他开办了自己的商贸公司。20 年后,他的公司资产从最初的 20 万美元发展到 2 亿美元。这位小伙子就是美国知名企业家比尔·拉福。

1994 年 10 月,比尔·拉福率团来中国进行商业考察,在北京长城饭店接受《中国青年报》记者采访时,他说他的成功应感激他的父亲的指导,他们共同制订了一个重要的职业生涯规划。最终这个生涯设计方案使他功成名就。我们来看一下这个成功的简图:

工科学习→工学学士→经济学学习→经济学硕士→政府部门工作→锻炼处世能力,建立广泛的人际关系→大公司工作→熟悉商务环境→开公司→事业成功

第一阶段:工科学习

选择:中学时代,比尔·拉福就立志经商。他的父亲是洛克菲勒集团的一名高级职员,他发现儿子有商业天赋,机敏果断,敢于创新,但经历的磨难太少,没有经验,更缺乏必要的知识。于是,父子俩进行了一次长谈,并描绘出职业生涯的蓝图。因此升学时他没有像其他人一样直接去读贸易专业,而是选择了工科中最基础最普通的机械制造专业。

评析:做商贸必须具备一定的专业知识。在商品贸易中,工业品占绝对多数,不了解产品的性能、生产制造情况,就很难保证在贸易中得到收益。工科学习不仅是知识技能的培养,而且能帮助建立一套严谨求实的思维体系。清楚的推理分析能力,脚踏实地的工作态度,正是经商所需要的。

收获:比尔·拉福在麻省理工学院的四年,除了本专业,还广泛接触了其他课程,如化工、建筑、电子等,这些知识在他后来的商业活动中发挥了举足轻重的作用。

第二阶段:经济学学习

选择:大学毕业后,比尔·拉福没有立即进入商海而是考进芝加哥大学,开始了为期 3 年的经济学硕士课程。

评析:在市场经济下,一切经济活动都通过商业活动来实现的,不了解经

济规律,不学习经济学知识,就很难在商场立足。

收获:比尔·拉福掌握了经济学的基本知识,搞清了影响商业活动的众多因素,还认真学习了有关法律和微观经济活动的管理知识。几年下来,他对会计、财务管理也较为精通,在知识上已完全具备了经商的素质。

第三阶段:政府部门工作

选择:比尔·拉福拿到经济学硕士学位后考取了公务员,在政府部门工作了5年。

评析:经商必须有很强的人际交往能力,要想在商业上获得成功,必须深知处世规则,善于与人交往,建立诚信合作关系。这种开拓人际关系的能力只有在社会工作中才能得到提高。

收获:在环境的压迫下比尔·拉福养成了强烈的自我保护意识,由稚嫩的热血青年成长为一名老成、处事不惊的公务员,并结识了各界人士,建立起一套关系网络,为后来的发展提供大量的信息和便利条件。

第四阶段:通用公司锻炼

选择:五年的政府工作结束之后,比尔·拉福完全具备了成功商人所需的各种素质,于是辞职下海,去了通用公司。

评价:通过各种学习获得足够的知识,但知识要通过实践的锻炼才能转化为技能。

收获:在国际著名的通用公司进行锻炼,比尔·拉福不仅为实践所学的理论找到了一个强大平台,而且学习到了丰富的管理经验,完成了原始的资本积累。这也是大学生创业应该借鉴的地方,除了激情还应该考虑到更多的现实。

第五阶段:自创公司,大展拳脚

两年后,他已熟练掌握了商情与商务技巧,便婉言谢绝了通用公司的高薪挽留,开办了拉福商贸公司,开始了梦寐以求的商人生涯,实现多年前的计划。

评析:时机成熟后,应果断决策,切忌浪费时间,应抓住契机实现计划。

收获:比尔·拉福的准备工作,几乎考虑到了每个细节。拉福公司的成长速度出奇的快,20年后,拉福公司的资产从最初的20万美元发展为2亿美元,而比尔·拉福本人也成为一个奇迹。

比尔·拉福的职业生涯设计脉络清晰,步骤合理,充分考虑了个人兴趣、个人素质,并着重职业技能的培养,这种生涯设计在他坚持不懈的努力下,终于变为现实。

习题

一、名词解释

1. 职业理念

2. 职业生涯规划

二、思考题

1. 思考如何避免职业生涯规划容易存在的问题。

2. 试为自己制订一份职业生涯规划。

3. 美国知名企业家比尔·拉福的职业生涯规划对你的启示。

第二章 职业道德素质

学习目标

1. 了解职业道德的意义；
2. 掌握职业道德的概念、内涵、特点；
3. 培养良好的职业道德修养；
4. 能在各种职业环境中规范自己的职业行为。

第一节 职业道德概述

一、职业道德的概念

(一)道德和职业道德

道德是一定历史条件和社会关系的产物，它主要依靠社会舆论、社会习俗和人们内心信念的力量，保证人们自觉地遵守。道德在我国古代典籍中就有所提及，但是古代提到的道德与今天我们对道德的理解存在着一些差异。古代的"道"主要是指人们行事的最高原则,虽然被引申为人们应遵守的社会准则或规范,但它更偏重于哲学的解释;"德"是指人的修养,是在遵从最高原则的基础上有所获得,即人们认识理解"道",遵循于"道",内得于己,外施于人,即是"德"。道德二字的连用始于春秋时期,当时的《道德经》、《管子》、《庄子》、《荀子》诸书中都用了道德一词,并有了修养、规范、原则的含义。

现代教科书中公认的"道德",是指人类社会所特有的、由经济关系决定的,以善恶为评价标准,依靠社会舆论、内心信念和传统习惯来维持的,调整人与人之间、个人与社会之间关系的原则和规范的总和。一般来说,道德分为三个大的类别,即:婚姻家庭道德、职业道德和社会公德。

职业的涵义相对比较明确,通俗的表述就是人们所从事的工作。社会分工造成了职业的划分,职业也因此具有了特定的业务要求和职业规定。

每一种职业都要形成相应的社会关系和利益关系,包括同一职业从业人员之间的联系,不同职业从业人员之间的联系,以及从业人员与服务对象之间的联系。正是在这种关系中,人们对从事不同职业活动的人提出了不同的要求,长期从事某种职业活动的人也逐渐养成了特定的职业心理、职业习惯、职业责任心和职业荣誉感。可见,有职业就有相应的职业要求,职业要求是保证职业活动有序进行的必要条件。这些职业要求既有道德层面的内容,也有法律层面的内容,职业、道德和法律是密不可分的。那么,究竟什么是职业道德呢?

职业道德是指与人们在社会分工中形成行业活动并与之紧密联系,具有职业特征的规范准则,是一定职业范围内的特殊道德要求,即整个社会对从业人员的职业观念、职业态度、职业技能、职业纪律和职业作风等方面的行为标准和要求。职业道德是在相应的职业环境和职业实践中形成和发展起来的。一种职业道德产生以后,就会对本职人员的思想行为发生深刻的影响,形成一种导向力量,在这一行业特殊领域的实际生活中,发挥着调整人与人之间关系的作用。

(二)职业道德的内涵

通常,职业道德包括以下八个方面:

1. 职业道德是一种职业规范,受社会普遍的认可。
2. 职业道德是长期以来自然形成的。
3. 职业道德没有确定形式,通常体现为观念、习惯、信念等。
4. 职业道德依靠文化、内心信念和习惯,通过员工的自律实现。
5. 职业道德大多没有实质的约束力和强制力。

6. 职业道德的主要内容是对员工义务的要求。

7. 职业道德标准多元化,代表了不同企业可能具有不同的价值观。

8. 职业道德承载着企业文化和凝聚力,影响深远。

每个从业人员,不论是从事哪种职业,在职业活动中都要遵守职业道德。要准确理解职业道德的内涵,需要掌握以下四点:

第一,在内容方面,职业道德总是要鲜明地表达职业义务、职业责任以及职业行为上的道德准则。它不是一般地反映社会道德和阶级道德的要求,而是要反映职业、行业乃至产业特殊利益的要求,为特定职业技能所要求,体现特定职业共同体的特征。

第二,在表现形式方面,职业道德往往比较具体、灵活、多样。它总是从本职业的交流活动的实际出发,采用制度、守则、公约、承诺、誓言、条例,以及标语口号之类的形式,这些灵活的形式既易于为从业人员所接受和实行,又易于形成一种职业的道德习惯。

第三,从调节的范围来看,职业道德是只约束从事特定职业的专业人员的道德,一方面是用来调节从业人员内部关系,加强职业、行业内部人员的凝聚力;另一方面,是用来调节从业人员与其服务对象之间的关系,用来塑造本职业从业人员的形象。它只约束从事特定职业的专业人员,而与其他社会成员无关,具有专属性。

第四,从产生的效果来看,职业道德既能使一定的社会或阶级的道德原则和规范"职业化",又能使个人道德品质"成熟化"。职业道德虽然是在特定的职业生活中形成的,但它绝不是离开阶级道德或社会道德而独立存在的道德类型。职业道德主要表现在实际从事一定职业的成人的意识和行为中,是道德意识和道德行为成熟的阶段。职业道德与职业要求、职业生活相结合,具有较强的稳定性和连续性,形成比较稳定的职业心理和职业习惯,以致在很大程度上改变人们在学校生活阶段和少年生活阶段所形成的品行,影响道德主体的道德风貌。

(三)专业技术人员职业道德

专业技术人员的职业道德是指对从事专业技术工作人员的特殊要求,是从事专业技术职业的人所应遵循的、与其职业活动紧密联系的、具有专业技术人员职业特征并反映专业技术人员自身特殊要求的道德准则和规范的总和。专业技术人员职业道德的产生和发展,是社会统治阶级、社会运行以及专业行业活动的必然要求和结果。也就是说,只要是一个社会的专业技术人员,都必须承担社会职责和具备社会服务的作用。在整个社会分工体系中这一职业居于特殊地位,与其他社会职业相比,专业技术人员的职业活动具有

自身的特殊性,主要表现在以下三个方面:

1. 社会服务性。作为专业技术的工作人员,专业技术人员在自己的工作过程中,必须服从国家的意志,严格按照国家的法律、法规以及政府政策办事,处处考虑国家的利益。我国的专业技术人员在考虑国家利益的同时一定要考虑人民的利益。

2. 重大的责任性。各行各业的技术工作往往处于行业工作的关键部位,专业技术人员的工作是不可或缺的,也不是随便一个人就可以代替的。他们的主要任务是保证社会分工体系中各行各业的技术工作正常运行。由此专业技术人员的职业状况如何,直接关乎整个社会和国家的现状、前途和命运。这是其他任何普通职业无法与它相比较的。因此,可以认为这项职业还具有重大的责任性。

3. 必然的科学性。在中外历史中,作为社会的各项技术的直接操作者,必须要有科学的操作程序和操作规范,这些必须遵循于科学发展的规律性。所以,专业技术人员无论你的政治观点如何,相信科学、学习科学、运用科学是指引自己从事技术工作的基本准则。

正是由于专业技术人员职业特征的特殊性,就要求提出相应的职业道德规范约束专业技术人员的工作行为,调整其在内外交往中发生的错综复杂的各类关系。同时应该看到专业技术人员职业道德从广义上说,它是指在不同性质的国家中,专业技术人员所应遵循的道德。从狭义上说,专业技术人员职业道德是指在社会主义国家各行各业中任职的专业技术人员所应遵循的道德。

二、职业道德的特点

(一)历史性与技术性

其实,道德都具有历史性和技术性的特点,只是职业道德的历史性表现得最为明显,或者说,职业道德的历史就是整个社会道德历史性的典型表现。职业道德产生的历史阶段,应该是在奴隶社会。因为只有到了奴隶社会,才真正出现了比较稳定和细致的社会分工,而不像原始社会那样,本质上只是根据人的性别决定生产领域的分工。而职业道德在这种总的历史发展的要求下,又与科学技术和生产技术的发展程度产生关系。从人类第一次出现社会大分工开始,到现代科学技术的应用,全社会生产技术的发展已经经历了数次大的变革。这些不同的阶段,对于职业道德产生了非常巨大的带有质变的影响。不同的历史发展阶段、不同的经济发展时期,就有与之相适应的不同的职业道德标准。很难想象一个手工业作坊的工作人员或老板能够遵循现代化、科学化大生产条件下的职业道德和职业守则。所以说，在历史性特点的基础上，技术性也是职业道德的一个重要特点，二者相联系，形成职业道德独特的历史风貌。

（二）实践性与规范性

凡道德均有实践性特点，但职业道德的实践性特点显得特别鲜明、彻底和典型。从职业道德接受者的情况看，没有直接参加社会实践的人也可以进行道德教育，从职业道德的应用角度来考虑，没有置身于职业实践当中去，无论有多么美好的愿望和多么惊人的接受能力，对于职业道德的规范和内容都无从做起。实际上，职业道德的实践性主要表现在，它与其所从事的职业本身的内容是密不可分的，离开具体的职业就没有职业道德可言。

所谓规范性特点，本质上也是一般道德的共有特点，但在职业道德里表现得更为鲜明、具体和典型。因为不论什么道德都是通过道德原则、道德规范这些内容具体地体现出来的。而职业道德既受一般的社会关系的制约，又与具体的职业相联系，所以职业道德的行为规范性还表现在人们对于一般道德规范的了解和理解上，同时，又有比较大的弹性。也具有某些法的性质和特点。比如，一个人喝醉了酒，在家里摔盆摔碗，大耍酒疯，不过是酒后无德，最多会受到道德和舆论的谴责，而无须受到法律的制裁。如果他喝醉了酒，影响和妨碍了自己所从事职业的正常活动，那么，他的行为就违背了职业道德，那就要受到处罚。如从事火车驾驶、汽车驾驶等职业的人，被要求在工作期间不得饮酒，虽然是作为纪律和法规提出来的，但同时也就含有了职业道德的要求和特点。

（三）多样性与稳定性

随着社会的不断进步，社会分工也向着多样化方向发展，社会分工越来越细。社会分工的多样性，就决定了职业道德的多样性。可以说，有多少种分工就有多少种职业道德。军人的职业道德，首先是无条件服从命令，勇往直前的杀敌精神，以及宁死于战场也不临阵脱逃或举手投降的英雄气概。但医生的道德却在于全心全意救死扶伤。一个科学家的职业道德，无论其具有怎样的集体主义和协作精神，绝没有必要把服从命令摆在第一位，即所谓“不唯上，不唯书，只唯实”。因此，职业道德在不同的职业之间有相通的时代精神，又有互不相关的具体内容和要求。

在人类走过的漫长历史道路上，任何一个人，从事任何一种职业，如果要真正地得其精髓，成为合格的从业人员，都需要经过长期的努力和培养。职业道德对于每一个具体的从业者来说，又具有稳定性。因此，一个人选定了职业后，他的职业具有一定的稳定性，他所应遵循的职业道德规范也就具有了稳定性。

三、职业道德的原则

(一)为人民服务是社会主义的道德原则

专业技术人员在工作中的道德准则作为社会主义职业道德的标准之一，主要包括：道德原则、行为规则和工作方式等。在这里重点阐释道德原则。专业技术人员的职业道德原则又称为专业技术人员道德根本原则或基本原则。它在专业技术人员道德规范体系中居于主导地位，集中反映着政府工作的道德本质、道德属性和职业特点，是专业技术人员处理个人利益、社会利益和人民利益关系的根本准则。

为人民服务这一道德原则，在专业技术人员职业道德规范体系中居于主导地位，决定和制约着其他的道德规范。它是专业技术人员职业道德的精髓，是调整专业技术人员职业内外关系的各种道德规范最基本的出发点、指导原则和根本标志。专业技术人员的其他道德规范，都应围绕为人民服务这一道德原则而表现和展开。

(二)专业技术人员职业道德的基本要求

全心全意为人民服务是专业技术人员职业道德的根本原则，具体来说，它的基本要求包括如下几点：

1. 摆正个人与他人之间的关系，自觉做好社会的公民。作为专业技术人员，必须充分认识到，自己是社会的主人，也是人民的勤务员。如果背离这些观念，私欲膨胀，利用职权谋取私利，这就颠倒了自己和社会的关系，也是我们国家社会制度的性质和专业技术人员职业道德所不能允许的。那些不讲专业技术人员的“服务意识”，不重视“服务”这一社会主义建设的根本职能，把自己的工作看作是制约别人的权杖，那就错误了。

2. 一切从人民的利益出发，一切向人民负责。专业技术人员必须把人民的利益看得高于一切，时时处处以人民的利益为重，个人利益服从人民利益，必须要有对人民高度负责的精神，按照人民的意愿行事，凡是对人民有利的事，就积极去干，凡是对人民不利的事，则坚决不干。如果自己的言行损害了人民的利益，要诚恳地做出自我批评，力求迅速改正，挽回损失，绝不能文过饰非，推卸责任，嫁祸于人。

3. 忠实执行党的路线、方针和政策。这是为人民服务的根本点。党的路线、方针和政策是人民根本利益的集中体现。离开了党的路线、方针和政策,为人民服务只能是小恩小惠的慈善事业。因而专业技术人员要在思想上、政治上与党中央高度保持一致,深刻理解和忠实执行党的路线、方针和政策,并把它同为人民服务结合起来,把忠于人民和忠于党的事业结合起来。

4. 同危害人民利益的言行和错误作坚决的斗争。旗帜鲜明地同一切危害人民利益的坏人坏事作斗争,狠狠打击各种破坏社会主义事业的活动,反对一切损害人民利益的思想和行为;在危急关头敢于见义勇为,挺身而出,为保护人民群众的利益而献身,这是专业技术人员的神圣职责和道德要求。

四、职业道德的作用

我国现阶段职业道德的意义和作用,主要表现在以下几个方面。

(一)有助于树立新的人际关系,促使人与人的关系和谐融洽

职业道德的基本职能是调节人际关系。它一方面可以调节从业人员内部的关系,即运用职业道德规范约束职业内部人员的行为,促进职业内部人员的团结与合作。如职业道德规范要求各行各业的从业人员,都要团结、互助、爱岗、敬业、齐心协力地为发展本行业、本职业服务。另一方面,职业道德又可以调节从业人员和服务对象之间的关系。如职业道德规定了制造产品的工人要怎样对用户负责;营销人员怎样对顾客负责;医生怎样对病人负责;教师怎样对学生负责等。因此,职业道德有助于树立新的人际关系,促使人与人的关系和谐融洽。

(二)有利于调节党、人民政府与群众的关系

在社会主义制度下,职业道德直接影响党、政府与人民群众关系的因素增多了。一方面,国家公务员、共产党的各级领导是代表国家与执政党执行公务,他们的职责是为人民服务,他们的职业道德的好坏直接关系到党、政府与人民群众的关系;另一方面,由于多数企业都是国有企业,绝大多数事业单位都是国家设立的,是在党和政府的领导下进行各项工作的,因而在这些企业、事业单位工作的人的职业道德行为,都不是纯粹的私人行为,他们职业道德行为的好与坏,都直接影响到党和政府的形象。

(三)促进各行各业的发展,推动社会主义物质文明建设

一个行业、一个企业的信誉,也就是它们的形象、信用和声誉,是指企业及其产品与服务在社会公众中的信任程度,提高企业的信誉主要靠产品的质

量和服务质量,而从业人员职业道德水平高是产品质量和服务质量的有效保证。若从业人员职业道德水平不高,很难生产出优质的产品和提供优质的服务。因此,职业道德有助于维护和提高本行业的信誉,促进行业发展,推动社会主义物质文明建设。

(四)推动新的道德观念的传播,提高全社会的道德素质

职业道德是整个社会道德的主要内容。职业道德一方面涉及每个从业者如何对待职业,如何对待工作,同时也是一个从业人员的生活态度、价值观念的表现;是一个人的道德意识,道德行为发展的成熟阶段,具有较强的稳定性和连续性。另一方面,职业道德也是一个职业集体,甚至一个行业全体人员的行为表现,如果每个行业,每个职业集体都具备优良的道德素质,对整个社会道德水平的提高肯定会发挥重要作用。

第二节　职业道德范畴

全社会共同的职业道德规范与职业道德的核心规范的形成,使得社会主义职业道德有了相对独立的道德体系。

职业道德体系中最高层次是社会主义职业道德的核心——为人民服务。

(一)各行各业都应当遵守的五项基本规范

1. 爱岗敬业。这是社会主义市场经济条件下实现职业利益的必然要求。它要求从业人员对所从事的职业有强烈的责任感,荣誉感和兢兢业业的精神;要求每个从业人员在各自从事的职业活动中尽职尽责,努力学习,熟悉业务,掌握规律,勤奋高效地做好本职工作。

2. 诚实守信。每个单位和职工应当自觉地按照国家政策法规和社会主义道德原则,规范自己的行为,诚实待人、诚实办事,讲信誉、讲信用,做到规范有序,取信于民。质量和信誉是现代职业活动中十分重要的问题。讲究质量(既包括产品质量,也包括服务质量)是从业人员对社会和人民承担的义务和职责;讲信誉,体现了社会对一个行业以往职业活动的评价。质量和信誉是企业的生命。每个从业人员都必须讲究质量,注重信誉,树立信誉至上的观念。

3. 办事公道。从政者要执行政策,不徇私舞弊,公正处理政务,认真负责办理政务。经商者要买卖公平,服务优质,价格合理。各行各业都要根据各自职业的特点,制定具体的工作、服务的规范或守则。办事公道,是指在各种职业活动中待人处事要公正公平,公道正派,合情合理,这是职业交往中的一

项重要原则。每一个从业人员在各自的岗位上固然要办事公道，但对各行各业的领导者来说，更需要办事公道。因为各级领导干部手中都掌握着人民赋予的一定权力，他们如果办事不公道，就有可能给社会主义事业造成损失，影响党和人民群众的关系。为官从政者，要正确对待手中的权力，坚持按原则办事，反对人情风；要建立办事公开制度，政策公开、程序公开、结果公开，接受群众的监督，以提高我们政策的公信力。领导干部要真正做到办事公道，廉洁奉公，必须坚持三个正确使用：一是正确使用权力，反对以权谋私；二是正确使用干部，摒弃用人上的不正之风；三是正确使用金钱，把有限的财力物力用到现代化建设上。

4. 服务群众。这是为人民服务的道德核心和集体主义原则在职业道德中的具体体现。在社会主义社会，无论从事哪种职业都是为人民、为社会服务，各种职业、各种岗位之间都是"互相协作、互相服务"，自己既是为别人工作和服务，别人又为自己工作和服务。因此，每个从业人员都应自觉地把人民群众的需要作为工作的出发点，把让人民群众满意作为工作的落脚点，把群众最为关心和迫切要求解决的问题作为工作的着力点，把群众意见最大的问题作为工作首先要解决的突破点。

5. 奉献社会。在职业活动中要发扬奉献精神。在社会主义经济条件下，人们更要增强社会责任感，正确处理奉献和索取的关系，正确处理国家、集体和个人关系，形成"我为人人，人人为我"的良好道德风尚。

（二）各行各业自己的具体职业规范

不同行业有各自具体的职业道德规范和要求，除与其职业特点和要求相一致的特殊道德规范外，也有着共性的道德规范要求。一般来说，专业技术人员职业道德的共性主要内容有五点：

1. 爱党爱国，政治坚定。认真学习和实践马列主义、毛泽东思想、邓小平理论、"三个代表"和科学发展观重要思想，树立正确的世界观、人生观、价值观，不断提高政治理论水平、思想道德素质和日常行为修养。拥护中国共产党的领导，热爱社会主义祖国，自觉维护国家的尊严和利益，个人利益服从国家、集体的利益。坚持党的基本路线，认真贯彻党和国家的方针政策，全面贯彻党的各项方针。爱党爱国，政治坚定，既是专业技术人员政治素质的本质体现，也是专业技术人员工作态度方面的道德要求；既是专业技术人员应尽的社会职责，也是作好本职工作的基本条件。具体来说它包括忠诚于国家、忠诚于人民、忠诚于职守和诚信于社会，这些内容要求一要坚定正确的政治方向，无限忠于祖国，忠于人民，维护国家尊严。这是实践忠于职守，爱党爱国道德规范的基础。作为专业技术人员，在道义上、行为上都必须做社会主义现代化建设的拥护者，无论何时何地都应为国效力。不但自己不得有危害祖国和人民利益与尊严的言行，而且要同危害祖国和人民利益与尊严的现象进行坚决的斗争；要坚持社会主义道路，坚持人民民主专政，坚持中国共产党的领导，坚持党的基本路线，集中精力全面建设小康社会。二要坚守岗位，认真工作，埋头苦干。专业技术人员要将高度的工作热情和科学的工作态度与实干精神结合起来，增强时间观念，提高工作效率，保证工作质量，认真细致，兢兢业业，勤勤恳恳地工作。凡是自己职责内的事务，必须认真负责，一丝不苟地完成；要竭尽全力，专心致志地工作，忠实执行国家的法令与保守机密，按时完成上级交给的任务，不得随便拖延本应及时完成的事务；按时上下班，不得迟到早退，或无故缺勤；遇有紧急情况，不得擅离职守；工作时间内要努力提高工作效率，不得闲散懈怠，不得办理私事，更不准在工作时间内打牌下棋或做其他与工作无关的事情。专业技术人员责任重大，如果对工作马马虎虎、粗枝大叶、敷衍塞责、得过且过，甚至消极怠工、弄虚作假、不负责任、玩忽职守，必然会给国家和人民带来不应有的损失，自己也将受到惩罚。三要敢担风险，敢负责任，开拓进取，勇于创新。专业技术人员必须充分认识本职工作的重要职责和重要意义，增强对本职业的高度责任感、荣誉感、自豪感，司其职、尽其责，认真搞好专业技术工作。对于本职范围内的事，要认真负责地办理，并要敢于主动承担责任而不能互相推诿、扯皮，不要采取"推、拖、压、了"的态度。只要于国于民有益，就应不怕困难和风险，不怕挫折和失败，不怕打击和报复，不回避矛盾，坚持原则，克服困难，任劳任怨，以对党和国家以及人民高度负责的精神，去圆满地完成本职工作任务。四要努力学习，钻研业务。对专业技术人员的这一要求是自己适应社会发展，适应形势变化的需要。学习包括政治思想学习、科学文化学习和业务技能的培养。因此，只有加强政治思想、科学文化和业务知识的学习，才能提高专业技术人员的政治素质、道德素质、科学文化素质和业务素质，使专业技术人员胜任本职工作，卓有成效地担当起服务社会管理国家行政事务的重任。

2. 实事求是，忠于职守。热爱本职工作，严谨笃学，一丝不苟，刻苦钻研，精通业务，勇于创新，不断开拓本职工作新领域，不断更新知识，追踪学科前沿，努力提高自身业务素质。崇尚科学，追求真理，勇于探索，大胆创新，积极参与科研改革，努力提高科研学术水平。爱岗敬业，认真负责，细致周到，充分发挥自己的一技之长，积极为科研服务。实事求是，忠于职守是专业技术人员在技术工作操作中，必须遵循的基本职业道德准则。其基本要求是一要注重业务调查研究，尊重客观规律。专业技术人员的专业要求就是尊重科学，尊重客观规律，科学技术都是建立在对事物规律认识基础之上的。在这里首要的是坚持一切从实际出发，忠实于事物的本来面貌，忠于事实，尊重客观规律。在业务上重视调查研究工作。专业技术人员要学会接近群众，深入实际，到自己工作涉及的范围内进行深入细致的调查研究，按照事物的本来面貌如实地找出问题产生的原因，找出规律性的东西，为工作的改进与发展提供准确无误的客观依据。二要做老实人，说老实话，办老实事。忠诚是专业技术人员应有的基本品德，也是对国家对人民负责的重要表现。只有忠诚老实，才能进行技术操作。这就要求专业技术人员必须坚持真理，不讲空话、假话、大话和套话，无论对成绩还是缺点和失误都要一是一，二是二，既不能虚报夸大，也不能隐瞒缩小；要脚踏实地，不务虚名，扎扎实实地干好自己的业务工作，老老实实地为群众办实事，绝不能利用技术优势，摆架子，做表面文章，弄虚作假，投机取巧；要言行一致、多做实事，不能口是心非、颠倒是非。在这方面，许多科学家对党对人民忠诚，不讲假话、不做假的崇高品德，为广大专业技术人员树立了榜样。三要办事公道，不徇私情。专业技术人员应当办事公道，不徇私情，公平、公正的为业务对象服务；在运用人民赋予自己的权力时，要坚持原则，秉公办事；要公道正派，奉法循理；要正直无私，公事公办。做到处理问题，出于公心；解决纠纷，主持公道；遇到干扰，铁面无私。要学会时时处处正确地行使人民所赋予的权力。四要坚持真理，修正错误。专业技术人员是社会中科学与技术的代言人，其一言一行都必须合乎广大人民群众的基本利益，以为广大人民群众所接受为最高标准。这就要求专业技术人员必须坚持“不唯上、不唯书、要唯实”的原则，不畏权势，不随波逐流，不怕丢面子，只怕丢掉责任，随时准备为人民的利益坚持真理，修正错误。只有这样，才能真正做到实事求是，恪守职责。

3. 艰苦奋斗，崇尚节俭。艰苦奋斗是社会主义现代化建设的需要，也是专业技术人员应有的优良品质。廉洁奉公是专业技术人员任职的基本要求，也是专业技术人员职业道德的重要体现。其基本要求是一要艰苦朴素，勤俭节约。生活上反对奢侈浪费，这是中国人民世代相传的美德，也是我们党的优良传统。二要吃苦在前，享受在后。作为社会主义大厦奠基者的专业技术人员，必须“先天下之忧而忧，后天下之乐而乐”，把国家和人民的利益放在首位，真正做到吃苦在前，享受在后。这样才能以苦为乐，为人民、为社会做贡献。反之，如果专业技术人员一味追求享受，贪图安逸，唯利是图，先己后人，其结果只能是败坏专业技术人员的声誉，丧失起码的职业道德，甚至走上犯罪的道路。三要清正廉洁，不以权谋私。专业技术人员虽然不是政府官员，但由于工作的关系也常常有一定的技术权力，所以也要清正廉洁，不以权谋私。专业技术人员必须具有毫不利己的精神，无私奉献，为国家为人民的整体利益，甘做自我牺牲，而不能只讲金钱，不思奉献，见利忘义，追逐私利；要公而忘私，一身正气，两袖清风，洁身自好，不贪财，不利用职务和工作的便利接受馈赠，不利用职权索受贿赂、贪赃枉法、中饱私囊。四要艰苦创业，努力工作。专业技术人员必须时刻清醒地认识到,我国是一个发展中国家,我们的社会主义处于初级阶段,生产力还很不发达,我们要做的事情还很多。这些都需要我们做出艰苦的努力。尽管我国已经进入小康社会,但是,目前的小康还是低水平的、不全面的、发展很不平衡。专业技术人员必须克勤克俭,艰苦创业,努力工作,才能改变我们国家落后面貌,早日赶上发达国家。

4. 服务群众,平等待人。关心群众,平等待人是全心全意为人民服务道德原则的具体体现。它的基本要求是一要热爱人民群众,尊重人民群众,相信人民群众。专业技术人员要对祖国对人民怀有深厚炽热的感情,坚定相信人民群众,依靠人民群众的信念。这种感情和信念是全心全意为人民服务的思想基础。二要密切联系群众,关心群众疾苦,为人民办实事。专业技术人员要虚心向群众学习,走群众路线,深入到人民群众之中。与人民群众保持最密切的联系,心里时刻装着群众,与人民群众同甘苦共命运;要认真倾听群众的呼声,想群众之所想,急群众之所急,为群众排忧解难。三要团结共事,宽厚待人。专业技术人员必须是一个心胸宽广,团结同志,善于合作,具有凝聚力的人。专业技术人员要以事业为重,顾全大局,不斤斤计较个人的得失,大事讲原则,小事讲风格,求大同,存小异,互谅互让。当然我们讲团结和宽容也是有原则的,这就是四项基本原则,就是党纪、政纪和国法。如果有人背离了这个原则,那就一定同他进行坚决的斗争。

5. 敬德守法,遵纪守法。专业技术人员担负着服务社会的重要责任,这就要求他们必须做到敬德守法,遵纪守法。这里的敬德,就是要崇尚社会主义和共产主义道德;守法,就是要遵守我国的宪法。其具体要求是一要严格要求自己,为人表率。专业技术人员要能够严格要求自己履行职业道德和共产主义道德。要勇于做遵纪守法敬德的模范。专业技术人员就必须加强个人的道德修养,既有高于普通人的知识素养,也要以高于一般人的道德标准要求自己,在这方面要给自己建立高标准。二要生活检点,自尊自爱。专业技术人员工作涉及到经济问题一定要清楚。社会生活方面一定要检点,对于个人的物质消费要注意节俭,不得无节制的追求享乐和消遣,不得追求庸俗、低级趣味文化。专业技术人员要自尊自爱,保持自己的人格和尊严,维护自己信仰的独立性和坚定性。不论在任何艰难困苦的环境中,都坚定不移,忠贞不渝地信仰和实践共产主义的政治理想和道德理想,不自轻自贱,不逢迎拍马,不丧失国格、人格,做到"富贵不能淫,贫贱不能移,威武不能屈",高风亮节,正气凛然,信念坚定,始终不忘自己的"公仆"地位,不忘全心全意为人民服务的宗旨,使自己真正成为"一个高尚的人,一个纯粹的人,一个有道德的人,一个脱离了低级趣味的人,一个有益于人民的人"。三要遵守政纪国法,严格依法办事。专业技术人员必须加强法制观念,在学习和工作中养成依法办事的好习惯。树立遵纪守法、依法办事的高度责任感,并使之成为自觉的道德规范。要正确处理自由和纪律、民主和法制的关系,克服特权思想,坚持“在法纪面前人人平等,绝不允许有任何超越法律和纪律的特殊人物”,克服那种“把领导的话当作‘法’,不赞成领导说的话就叫做违‘法’,领导的话变了,‘法’也就跟着变”的现象,使各级各类专业技术人员都养成自觉遵纪守法,按政纪国法办事的良好习惯和品质。四要敢于同违法乱纪的行为作斗争。专业技术人员必须敢于同违法乱纪的行为进行坚决的斗争,这是专业技术人员应当担负的职责和应尽的义务。那种把个人利益放在第一位,缺乏勇气,不敢斗争的行为都是与专业技术人员道德不相容的。同违法乱纪的犯罪分子作斗争,难免会有牺牲,但专业技术人员绝不能因此而退缩,应该发扬大无畏的英雄气概,勇于献身,坚决检举揭发违法乱纪的事件和行为,坚决打击各种犯罪分子,敢于同各种违法权势进行斗争,以实际行动捍卫法纪的尊严。

第三节　职业道德修养

一、职业道德修养的内涵

什么是修养呢?修养是个合成词,修,原意指学习、锻炼、陶冶和提高;养,原意指培养、养育和熏陶。所谓修养是指一个人为了在理论、知识、思想、道德品质等方面达到一定的水平,所进行自我教育、自我改善、自我提高的活动的过程。修养是人们提高科学文化水平、培养思想品质、专业技能的必不可少的手段。

职业道德修养是指从业人员在职业活动实践中,按照职业道德基本原则和规范,在职业道德品质方面的“自我锻炼”和“自我改造”,借以形成高尚的职业道德品质和达到较高的境界。关键在于“自我努力”。为了完善从业人员的道德品质,一般采取内外结合的方式。一是进行职业道德教育,二是加强职业道德修养。如果一个人外因很好,有优良的社会环境,学校的培养教育,家庭的良好熏陶,但本身无动于衷,那么,他的进步必然是有限的。同时职业道德修养是一种自律行为,任何一个从业人员,职业道德素质的提高,一方面靠他律,即社会的培养和组织的教育;另一方面就取决于自身的主观努力,即自我修养。两个方面是缺一不可、相辅相成。在市场经济的新形势下,由于拜金主义、享乐主义、极端个人主义、庸俗功利主义等思想的冲击和侵蚀,在我们的社会生活中出现了一些不正之风。在一些干部中出现了以权谋私、权钱交易、贪污受贿、铺张浪费、弄虚作假、损公肥私、失职渎职、徇私舞弊等腐败行为;行业中开后门、拉关系、以次充好、以假乱真、不负责任、不守纪律、尔虞我诈、见利忘义等现象屡屡发生。面对这样的情况，每个从业者必须在职业活动中，按照职业道德基本规范自觉地、有意识地加强职业道德修养，才能抵制不正之风的侵蚀。

职业道德修养的根本目的在于培养人的高尚的道德品质，也就是说，每个从业人员都应当在职业实践中把职业道德的基本规范自觉地转化为个人内心的要求和坚定的信念，进而逐步形成良好的行为习惯，使自己成为一个具有高尚职业道德的人。

俗话说："玉不琢，不成器"。加强职业道德修养是为了培养良好的职业行为习惯，提高职业道德素质，为未来的职业生涯奠定良好的基础。加强职业道德修养，对于每个从业者来说具有重要的意义。

二、职业道德修养的意义

（一）职业道德修养是提高职业道德水平的必由之路

要使自己成为一个道德高尚的人，关键在于在职业生活中能够按照职业道德原则和规范，自觉地进行职业道德修养，从而不断提高职业道德水平。事业的发展是与人的职业道德修养密切相关的，促进事业发展就是对社会生活有所影响、有所改变，要想事业顺利，成就一番事业，就要有为他人、为社会作出贡献的良好的职业道德，这最终是通过职业道德修养体现的。而且人生价值的实现也离不开良好的职业道德修养。

（二）职业道德修养是个人进步和成才的重要条件

在未来的从业路上，有的人积极向上，事业一帆风顺，蒸蒸日上；有的人挫折不断，甚至腐化堕落，原因是什么呢？往往与能否自觉加强道德修养有关。许多革命家和英雄楷模，在这方面都有杰出的表现。李大钊同志曾以"铁肩担道义"为座右铭，在革命生涯中加强自我修养。他一心为党，一心为人民，为共产主义事业奋斗终生。临刑前藐视敌人的绞架，慷慨就义，称得上后世师表。至今还为人们称颂的雷锋日记、王杰日记都是提高自我修养的光辉篇章。共产党好干部孔繁森、牛玉儒、杨业功一生坚持服务群众，为人民服务，最终为社会主义事业倒在了工作岗位上。邓稼先、钱学森为祖国的国防事业倾注一生等等，这些英雄人物都十分重视道德的自我修养。我们每个从业人员都应该向先进人物学习，不断提高职业道德，以促使自身的进步和成长。相反，如果忽视道德修养，那么在金钱、美色、权利面前，很可能会经不住诱惑产生罪恶的行为，堕入罪恶的深渊。原北京市市委书记陈希同、广西自治区人大常委会主任成克杰、河北省省委书记程维高，都走向了腐败的深渊，厦门走私案中涉及那么多的党政高官,海关、公安这么多的机关,他们的堕落一方面是经不住金钱的诱惑,但更主要的是忽视了道德修养,不讲职业道德的必然结果。从以上正反实例证明,一个人道德品质的形成,既不能离开一定的社会环境和物质生活条件,也不可能离开个人的生活实践和道德修养,而自觉锻炼和主观努力是养成良好道德品质的关键所在。

(三)职业道德修养是职校学生职前准备的重要方面

职业学校学生风华正茂,即将跨出校门,踏入社会的职业生活。这个时期正是他们的黄金时代。每个学生都要珍惜这段一去不复返的时光,紧紧抓住这个时机,在专业和技能上要精益求精,掌握将来为人民服务的本领,同时还要加强职业道德修养,在思想上高标准严要求,不断提高职业道德水平,培养自己的高尚道德情操,这样才能在职业生活中发出光热,做出贡献。为了达到这个目的,每个学生不仅要了解和掌握职业道德原则和规范,而且要把它变为自己的内心信念,并以此指导自己的行为。通过在学校的不断提高,为未来职业之路奠定基础,成就自我,成就事业,实现自我价值。

三、职业道德修养的途径和方法

职业道德修养不是一朝一夕形成的,是在职业实践中经过磨炼和不断加强修养而形成的,如何才能形成良好的职业道德修养呢?应该从哪方面着手,如何加强、有哪些途径、有哪些方法,这些可能都是我们现在比较迷茫无从下手的。首先,我们看看职业道德修养的内容,主要包括职业道德意识和职业道德行为的修养。具体分为职业道德知识、情感、意志、信念和行为习惯等五个方面的内容。

职业道德认知是前提,道德情感和道德意志是动力,道德信念是核心,道德行为习惯是结果。一个人掌握了道德认知,需要内化为道德情感、道德意志和道德信念。在社会生活实践中还应当外化为道德行为习惯。一个人稳定的道德行为习惯,是他道德品质的集中体现。知、情、意、信、行既是道德品质的构成要素,又是道德品质的形成过程。一个人只有做到了道德认知、道德情感、道德意志、道德信念、道德行为的统一,才能表明他具备了某种道德品质。在职业道德知识与职业道德行为结合的过程中,职业道德情感、意志、信念起到了"催化剂"的作用,使从业者能主动地、有意识地进行职业道德行为的训练和修养,从而形成良好、稳定的职业道德品质。有意识地培养自己的职业道德品质并根据自己的专业形成良好的职业行为习惯,对我们将来的职业生涯,会产生积极的、深远的影响。"知者行之始,行者知之成。"

四、职业道德修养的途径和方法

（一）学习马克思主义理论和职业道德基本知识

学习马克思主义理论是进行职业道德修养的重要手段。因为马克思主义对社会主义，对个人价值观、职业观、思想品质、道德品质的形成和发展都具有重要的指导作用。过去依靠它，我们推翻了三座大山，取得了革命的胜利，今天依靠它，建设社会主义，我们取得了光辉的成就。所以，在修养过程中，必须认真学习马克思主义理论。在社会主义条件下，社会主义职业道德原则和规范是马克思主义思想体系中的一个重要组成部分。学习马克思主义基本理论和职业道德基本知识，从理论上明确为什么这样做，应该怎样做的道理，就能加深对社会主义职业道德的理论、原则和规范的理解，明确职业道德修养的目标，把握职业道德修养的标准，从而提高加强职业道德修养的自觉性。坚持学习马克思主义的伦理观。在马克思主义的历史唯物主义中，论述了许多关于道德以及社会主义道德和职业道德的科学观点，是我们职业道德修养的指针，有利于从业人员树立科学的世界观、人生观和道德观，学习马克思主义的伦理观，必须坚持理论联系实际，才能使职业道德意识转化为职业道德修养。荣获首届全国职工职业道德十佳标兵称号的上海中百一店“马派服务”的创始人马桂宁，曾花了几年的业余时间到各类公共场合，对各年龄层次的男女服饰进行观察、比较，总结出规律，不但成为顾客信赖的参谋，而且大大提高了营业额。他还通过刻苦钻研，把实践经验上升为理论认识，概括出顾客的行为目的类型、顾客的购物心理动机类型和心理过程。他对售货工作如此用心，才使得一手交钱、一手交货的商业行为升华为让顾客得到精神享受的“服务艺术”。

（二）从我做起，从现在做起

要成为一个有职业道德修养的人，并不是通过一两件事情就能成就的。只有在平凡的日常工作生活中，从点点滴滴做起，通过长期积累，才能逐步培养、形成优秀道德品质。因此，在道德修养中，要从我做起，严格要求自己，不能因为他人没有做到而原谅自己，自己也不去做。社会的现实生活是复杂的，社会上还存在不正之风，人们的道德觉悟有高有底，还存在着不道德的现象，但绝不能因此而原谅自己，放松对自己的要求，而应该高标准严要求，朝着自己的共产主义道德修养的目标坚定不移地去做。另外，职业道德修养是一辈子的事情，登上一个高峰还有更高的高峰等待着攀登。只有脚踏实地，一步一个脚印地从现在做起，从点点滴滴的平凡事情做起，坚持不懈，才能到达道德的理想人格。久而久之，就会养成一种道德习惯，逐步地形成共产主义道德信念和品质。这样，在关键时刻才能挺身而出，做出不平凡的伟大业绩。

（三）参加社会实践，坚持知行统一

积极参加各种社会职业道德和职业活动实践，在实践中刻苦磨炼自己，坚持知行统一，这是加强职业道德修养的根本途径和方法。社会主义职业道德修养，不仅需要学习马克思主义理论，而且需要参加社会实践，做到理论联系实际，在改造客观世界的同时改造主观世界，做到知和行相统一。“知”是指在职业实践中经过总结经验和教训而获取的正确认识。“行”是指社会实践、职业活动，即人们改造客观世界的一切活动。在社会实践中，我们要把学和做结合起来，把学到的职业道德知识、职业道德规范运用到实践中，落实到职业道德行为中，以正确的职业道德观念指导自己的实践，理论密切联系实际，学做结合，知行统一。社会实践是培养我们良好职业道德修养的大课堂。离开社会实践，我们既无法深刻领会职业道德理论，也无法将道德品质和专业技能转化为造福人民、贡献社会的实际行动。因此，应该将自己投入到火热的社会实践中去，在实践中锻炼，在实践中成长。

在职业技术学校中，为了提高学生的思想和业务水平，以适应未来工作的需要，实践训练是一个不可缺少的环节。以旅游专业为例，有些学校在讲授专业知识的基础上，开展较为广泛的服务性劳动。每班轮流服务两周，按前厅、客房、餐饮等部门分组，由学生自我管理。服务项目有值勤、站岗、维护校内秩序、为学生食堂就餐卖饭、为教师联欢会提供正规服务等。按照饭店服务章程，假戏真做。通过这些服务性劳动，增强学生的服务意识，培养他们的职业习惯。很多毕业生一走上岗位，就受到单位领导的重视。他们严格要求自己，积极肯干，充分发挥在校时的特长，努力作出贡献。有些人很快就成为基层骨干。这都是学生在校期间积极参加社会实践，在实践中刻苦磨炼的结果。

（四）开展职业道德评价，严于解剖自己

道德评价，简单地说，就是一种善恶评价，它从某种既定的或为某一社会、群体、集团、阶级所认同的道德价值准则出发，对人们的行为做出正当与否的评价。

道德评价在社会生活中无所不及，只要有道德活动的地方，就有道德评价。道德评价包括两个方面，即道德的社会评价和道德的自我评价，道德的社会评价，也就是社会的道德舆论，是外在的压力，道德的自我评价，也就是人们对于自己行为所做的良心上的检查,这是内在压力。道德评价要以动机和效果的辩证统一为根据。同时要注意:第一,要把动机和效果结合起来,道德评价的动机不正确,效果必然不好,第二,要注意动机内容和效果的全面性,道德评价的动机必须从客观实际出发,效果要注意全面,反对以偏概全;第三,要注意动机与效果联系的过程性,也就是说不能以一时之利出发,不要以阶段性标准、阶段性利益去损害全过程的整体利益。

道德评价是职业道德建设中不可缺少的一项内容。它不仅对从业人员的职业活动、职业素质的提高,而且对全社会道德水平的提高,都有重大影响,这表现在:职业道德评价不仅是从业人员行为的道德价值的仲裁者,同时也是维护职业道德的保障;不仅可以促进职业道德素质的形成和发展,同时还可以有效地调节人际关系,其表现是褒扬善行、排除隔阂、斥责恶行。

(五)开展批评与自我批评是从业人员进行职业道德修养的重要方法

古人云:"人非圣贤,孰能无过?"我们每个人都应该经常"反躬自问",朋友间应进行相互监督和帮助。人们常说"知无不言,言无不尽;言者无罪,闻者足戒;有则改之,无则加勉"。这些都是抵御各种政治灰尘和微生物、防止它们侵入我们思想肌体的有效方法。世界上一切道德高尚的人,都是严于解剖自己、勇于自我批评的人。毛泽东形象地指出:"房子是应该经常打扫的,不打扫就会积满了灰尘;脸是应该经常洗的,不洗就会灰尘满面,我们同志的思想,我党的工作,也会沾染灰尘的,也应该打扫和洗涤。"这些都说明,认真而经常地进行自我批评和自我解剖,是道德修养的重要方法。

(六)学习先进人物,不断激励自己

在祖国建设的不同时期都有大量的先进人物涌现出来,在各条战线上他们做出了平凡而伟大的工作业绩,成为我们学习的榜样。榜样的力量是无穷的。无论是售票员李素丽、石油工人王进喜、两弹元勋邓稼先、水稻之父袁隆平、导弹司令杨业功、公安局长任长霞,他们一个共同的特点就是热爱祖国,品质高尚,苦干实干,不计名利,立足一个岗位就在这个岗位上无私奉献自己的光和热。我们要用他们高尚的品德和执著的敬业精神不断激励和鞭策自己,以提高自己职业道德修养。"公安、公安,心中只有'公',人民才能'安'"。这是任长霞对公安工作担负神圣使命的深刻理解,更是她心目中不可动摇的信念和追求。在20多年的从警生涯中,任长霞忠于党、忠于祖国、忠于人民、忠于法律,以打击犯罪、保护人民为已任,攻坚克难,孜孜以求,不断加强学习,刻苦钻研业务,处处追求卓越。她曾荣获全国"五一"劳动奖章、"全国青年岗位能手"、"中国十大女杰"、全国"三八红旗手"、"全国优秀人民警察”等殊荣。2001 年 4 月担任登封市公安局局长后，她发誓：“打恶除暴，保一方平安，扫除阴霾，让群众切实感受到共产党领导下的天下是何等繁荣与稳定。”在她的带领下，一个个大案要案被侦破，一个个犯罪团伙被打掉，还了登封 60 多万群众“一片晴朗的天空”。伟大的精神创造奇迹，强烈的责任成就事业。当前，我国正处在全面建设小康社会、加快推进社会主义现代化的新的发展阶段，各级领导干部担负的责任十分重大，一定要像任长霞那样，坚定理想信念，提高能力水平，始终保持与时俱进、奋发有为的精神状态，切实履行“兴一方经济、富一方群众、建一方文明、保一方平安”的重要职责，不负党和人民的重托。

向先进人物学习时，一是要有“信心”，防止“先进人物高不可攀”的片面观点；二是要有“诚心”；不要用市侩式的眼光看待先进人物，把他们高贵的牺牲精神说成是“冒傻气”；三是要有“虚心”，反对在先进人物身上专找缺点，不愿学习他们的好思想、好作风；四是要有“耐心”，达到先进人物的境界是不容易的，要经得起“苦”、“累”和时间的考验。在社会主义条件下，先进人物的模范作用是我们进行职业道德修养的有利条件。在他们的表率作用和高尚精神的感召下，通过内心世界的消化和吸收，一定能够提高我们的职业道德水平。

（七）提高精神境界，努力做到“慎独”

“慎独”是指在没有外界监督，独自一个人的情况下，也能自觉遵守道德规范，不做任何对国家、对社会、对他人不道德的事情。它既是一种重要的道德修养方法，又是一种崇高的精神境界。它是衡量一个人道德觉悟和思想品质的试金石。“慎独”是自觉道德意识的体现。

“慎独”是儒家提出的一种道德修养方法。《礼记·中庸》中写道：“道也者，不可须臾离也；可离非道也。是故君子戒慎乎其所不睹，恐惧乎其所不闻。莫见乎隐，莫显乎微，故君子慎其独也。”这段话是说，“君子”在别人看不见的时候，总是非常谨慎；在别人听不见的时候，总是十分警惕。从最隐私处最能看出人的品质，从最微小处最能显示人的灵魂。所以，越是独自一人，没有监督是，越要小心谨慎，不做违反道德的事。人的自我修养就是要诚其意而正其心。一个人做了坏事别人也可能看不见、不知道，他的行为善恶全凭他自己的良心判断，这是对人的道德水平的真正考验，而这种考验对于提高人的道德自律和道德修养大有裨益。大作家高尔基出于写作的需要，在体验生活过程中，曾十几年与酒鬼、赌徒打交道，但始终严守“慎独”而一尘不染。在现实生活中，人的一言一行、一举一动不可能时时处处受到他人监督，所以，只有自律，防微杜渐，才能“慎独”自守，把握自己，从而逐步达到较高的道德水平和道德境界。

一个人要真正做到“慎独”是很不容易的，需要经过长期的、艰苦的自我锻炼，要时时、处处、事事严格要求自己。陈毅同志诗曰：“尤其难上难，锻炼品德纯。”真正做到慎其独，则是品德纯正的一种表现。培养“慎独”精神，要在隐藏、微细的地方下工夫，大处着眼，小处着手，防微杜渐。还要特别重视自制能力的培养，随时随地用职业道德规范严格要求自己的行为，始终如一地坚持自己的职业道德信念。

道德修养，根在实践，贵在自觉，重在坚持，难在“慎独”。只浮在上面，不亲自参加实践，缺乏应有的自觉性和主观能动性，不能持之以恒，其结果必然在工作中一无所获，一事无成，职业道德修养也难以形成。

习题

一、名词解释

1. 职业道德

2. 修养

3. 职业道德修养

二、思考题：

1. 职业道德的内涵是什么？

2. 简述专业技术人员职业道德的基本要求。

3. 职业道德修养有何意义？

第三章 职业心理素质

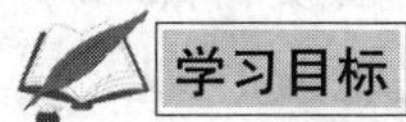

1. 理解职业心理素质概念和功能；
2. 掌握职业心理素质的内容；
3. 学会培养良好的职业心理素质；
4. 学会培养、端正良好的择业心态。

第一节 职业心理素质概述

大学生求职择业，不仅应具有良好的思想品德素质、科学文化素质和身体素质，也应具有良好的职业心理素质。良好的职业心理素质不仅可使大学生在择业期间，保持良好的心态，适时调整自己的行为，促进顺利就业，而且可使大学生在择业后顺利地适应职业及环境，尽快成才。

一、职业心理素质的概念

(一)职业心理素质的涵义

目前为止，学术界界定职业心理素质有两条途径：一条途径是从心理素质的角度，把职业心理素质作为人的心理素质的有机组成部分。由于人的心理素质是以生理条件为基础的，将外在获得的刺激内化成稳定的、基本的、衍生性的，并与人的社会适应行为和创造行为密切相关的心理品质。这种心理品质在职业领域就表现为相应的职业心理素质，因此职业心理素质可以定义为人的心理素质在职业行为上的表现和个体的心理素质对其职业生活的适应性程度，它强调职业心理素质是人的心理素质在特定职业领域的具体化。另一条途径是从职业素质的角度，把职业心理素质作为职业素质的一个有机组成部分。而职业素质是指人们从事职业活动所必须具备的生理、专业和心理因素，生理因素包括人的体质、体能、反应速度、神经类型等；专业素质包括所从事职业范围内的学科知识等；心理因素既包括与人的个性倾向性相联系的职业需要、职业兴趣、职业态度、职业道德、抱负水平、竞争意识、协作精神、职业习惯等心理品质，也包括直接影响职业劳动效率与成就水平的智能因素，如人的知识经验、技能、技巧、能力、智慧等。即职业心理素质是指从事职业活动所必备的心理因素的总和，它强调职业心理素质的结构与数量。

我们倾向于把这两种观点结合起来，认为职业心理素质是个体拥有的对职业活动起重要影响的心理品质的质与量的有机统一，首先它是特定职业对其从业人员都要求具备的心理品质，不同的职业有不同的心理素质特点和要求，它排除了职业群体中从业人员之间的个性差异。也就是说职业心理素质是从事特定职业所需的基本心理品质，任何希望从事此职业的人均需要这些品质，但这种职业心理素质并不掩盖从业个体之间的个性差异。如汽车驾驶员在开车时要求动作反应敏捷，注意范围广而且集中，注意力能够合理分配，能边操作转向盘，边仔细观察路况，在驾驶过程中，具有准确分析判断的能力。这些要求汽车驾驶员必须具备的职业心理素质，排除了每个驾驶员的不同个性。凡是选择汽车驾驶员这种职业的人，都要致力于培养这些心理素质，否则就难以适应职业的要求，甚至出现交通事故。其次，职业心理素质是人的一般心理素质在个体的职业活动中的具体表现。这种表现，既包括在对求职者与职业要求之间的差距所进行的评价，即职业选择过程中的人与职匹配问题，也包括对从业者在职业活动中的实际适应能力进行评价，即对从业者的实际工作表现及其对工作的适应程度进行相应的评价。

据此我们认为，职业心理素质可以界定为与人所从事的职业匹配的心理素质的总和，它包含两个方面的含义，一是指特定职业对其从业者所需具备的心理素质的总和，这是一种外在的标准，也是特定职业得以顺利、高效完成的必要保证；二是指个体已经具备的与特定职业有关的心理素质的总和，这是一种静态的状况，是评价从业者能否顺利完成相应职业的基础。而职业心理素质研究就是要对各种特定职业所需的心理素质及其结构进行探讨，并寻找到有效的手段来测评即将进入特定职业领域的人是否已经具备该职业必备的心理素质要求，从而对其在未来的职业活动中的行为进行有效的预测。

(二)职业心理素质的结构

职业心理素质作为个体从事特定职业所需具备的基本心理品质，是评判其在未来职业活动中的成效和进行相应职业教育的基础。关于职业心理素质的结构，由于职业心理素质概念是一个较新的概念，因此对于职业心理素质应有的结构尚没有定论。目前有关职业心理素质的研究主要集中在两个方面，一是对影响个体进行职业选择的因素进行的研究，如对职业价值观的研究，对职业评价与职业期望的研究等；第二是有关个体从事特定职业所需的心理素质的研究，本书把职业心理素质定义为职业对个体心理品质的需求，因而这里的职业心理素质结构主要是指个体为适应特定职业的需要而必须具备的心理品质的总和，这种需要并不简单地是由从事相关职业的知识技能等心理品质构成，还包括从事特定职业所需要的职业价值观等社会心理因素，它是个体职业心理素质的调节成分，可以有效地为个体适应职业、获取职业所需知识技能作准备，也为高效完成相应职业活动提供心理动力支持。因此，我们把职业心理素质结构概括为两个基本部分，一是对职业活动的调节成分，将其统称为职业意识；二是从事特定职业所需的知识与技能(包括特定的神经、生理方面的需求)，将其统称为职业技能。

1. 职业意识。职业意识是职业心理素质的调节成分，它是指个体形成与保持同职业活动有关的自我概念与自我意识。职业意识不仅包括个体对为什么要从事某种职业活动和达到何种职业目标的认识，还包括对怎样实现职业目标如选择何种手段、方法和途径等方面的思考和选择倾向。作为职业心理素质的调节成分——职业意识，不仅可以为职业活动的顺利进行提供动力支持，而且能够为在完成职业活动的外在要求与实现自我价值与自我满足的内在需要之间找到很好的契合点，最终达到职业与人和谐统一。

职业心理学家金兹伯格认为职业意识在个人生活中是一个连续的、长期的发展过程，并把这个过程分为三个阶段：一是空想时期，相当于儿童时期。儿童所憧憬的职业都是引人注目的和激动人心的，但缺乏现实性；二是尝试时期，11～17岁左右。他们开始思考今后的职业和自己所面临的任务，并把这个任务作为奋斗的目标。随着年龄的增长，兴趣、能力、价值观等开始逐渐在职业意识上反映出来，先是兴趣占优势，随后能力起主导作用，最后由价值观将两者统一起来；三是现实期，18岁以后。这个时期能够逐步将自己的选择与社会需要的现实联系起来，并在此过程中实现自我概念。个体的职业意识系统主要包括职业需要与动机、职业价值观、职业道德等成分。

(1)职业需要。这是个体从事职业活动的潜在动力,是个体工作积极性的心理源泉。人的职业需要按其在意识中的发展水平和明朗程度,可以表现为职业意向、职业愿望、职业动机和职业理想等不同的形式。个体的职业需要是一个复杂的结构,其基本因素主要有三个方面:一是从生活的需要出发,把职业视为谋生的手段。二是从发展个性的需要出发,满足个人的职业兴趣,发挥个人的专长、特长和才干;三是从承担社会义务的需要出发,把社会的需要作为自己的职业需要。个体由于对这几种成分的偏重不同,从而会形成不同的职业倾向,有代表性的有:一是献身倾向,它是个体政治理想与职业理想高度结合的产物,其职业活动主要表现为以国家、民族和社会进步为己任,不太注重计较个人得失;二是成就倾向,有这种倾向的人,其职业活动的主要表现就是重视自己才能的发展或个人职业专长的发挥;三是兴趣倾向,这种人从兴趣出发选择职业;四是实利倾向,视职业为谋生手段,重视职业的经济收入和福利水平。不过需要指出的是,职业需要同时也是一个动态结构,随着个体职业实践的深入,职业需要也会随之发生变化,特别是社会分工和社会生产力发展水平对职业需要有着重大的影响。因此,职业需要的满足,必须处理好主观愿望与客观环境之间的关系。个体的职业需要只有同社会要求相符合,并通过合理的途径和方法,才能得到充分的满足。

(2)职业价值观。职业价值观是对职业等级、职业选择、职业报酬以及职业生活基本意义等问题的价值判断,主要体现在对职业评价取向、职业选择原则、职业活动报酬的期望等问题的回答上。职业评价取向是个体在社会价值观念影响下对不同职业类型的相对等级进行的综合评判,影响评价的因素既包括职业的社会声望和地位,也包括职业本身所能够给予从事者物质与精神满足的程度。职业选择原则是指个体面临实际的职业抉择时的依据,它与职业评价取向之间存在一定的关系,职业评价取向是影响个体进行择业的重要因素,但个体并不完全依据职业评价取向进行择业,即在职业评价的依据与现实选择职业的依据之间存在一定的差异。两者存在一定的差异是正常的现象,如并非所有的择业者在择业时都会去选择职业评价高的职业,相反,择业者将会根据自己对职业的评价、自己的需求、自己的能力水平等多种因素去选择相应的职业。职业生活的基本意义则是指个体对职业抽象意义的认识倾向,这种认识倾向有指向外部和指向内部两种取向,前者注重社会取向与物质取向,而后者注重精神取向。

(3)职业道德。它是个体在从事职业活动时,思想和行为应该遵循的道德规范和准则。不同的行业都有职业范围内的特殊要求,如思想观点、态度、行为、作风等,以此来保证职业社会任务的完成和声誉形象。如科研工作者应当具有严肃认真、脚踏实地的科学态度和敢于创新、不计较个人得失的奉献精神，而医务工作者则需要对工作高度负责、精益求精，具有同情心和救死扶伤的人道主义品质。职业道德是特定职业为保证职业活动的顺利完成和相应的行业形象而对个体的约束，是个体在职业活动中行为规范的内化。职业道德本身也有态度、认知和行为三种成分，认知成分是对行业规范的知晓程度，态度成分则是对行业规范的认可程度，行为成分则是行业规范的遵守程度。

(4)职业气质。它是特定职业对其从业者所要求具有的比较典型、稳定的心理特质，它使不同职业活动的心理动力特征染上各自独特的色彩。由于职业特点的不同，因而不同职业对其从业者的职业气质要求也不一样，如纺织工作要求从业者情绪稳定，动作敏捷；飞行员则需要反应灵敏、敢于冒险和吃苦。职业心理素质中的职业气质有两重涵义：一是特定职业对其从业者的气质类型有一定的要求。不同的气质类型与特定职业之间的适应性程度是不一样的，如多血质的人容易适应新的环境，在紧张和危险的情景下不会手忙脚乱，但做事不够细心，对单调、重复性的工作不太适宜等。职业气质虽然不会影响职业活动的性质，但可能会影响到职业活动的效率，尽管不同气质类型的人都有可能在任何职业上取得成功，但达到同一成就水平所走过的道路可能是不一样的。二是特定职业对从业者职业形象的要求，它是由人在长期的职业生活中所形成的一种风格，这种风格是长期职业活动中所形成的行业形象的个体体现，这种风格不仅包括相应的行为举止，而且包括相应的职业思维和职业习惯，这也是构成职业群体的心理基础之一。职业形象对职业活动而言是必需的，比如保安职业就要求从业者给人一种威武的感觉。

2. 职业能力。职业心理素质的第二个组成部分是职业能力，包括从事特定职业所需的知识结构与技能结构。它是直接影响职业活动效率和使职业活动顺利进行的职业心理特质与素质结构。职业能力与人的职业活动密切相关并通过相应的职业活动表现出来，它是在一般能力和特殊能力的基础上发展起来的，由多种能力因素组成。而且这种职业能力通常是在职业教育和职业活动中培养和发展起来的，它的高低将直接影响着职业劳动的效率和成就水平的大小，也是个体从事特定职业的前提条件。职业能力主要包括下面一些能力素质：

(1)知识结构。它是指为完成特定职业所需的专业知识系统，它是顺利完成职业活动所需的心理储备。随着社会的进步与当今知识经济时代的来临，个体为适应社会职业需要而进行知识储备的深广程度也越来越高。一个简单的商场职员，如果不懂所卖商品的情况，是不能很好完成商品的销售的，甚至连商品的摆放都成问题。职业心理素质所要求的知识结构，主要由四个部分组成：一是所属学科或行业知识，这是指特定职业所需的专业知识，如教师对所教学科的知识、软件工程师对软件设计知识的需求。二是相关文化知识,前者直接与专业相关,强调知识的深度;而文化知识则是指相关领域的知识,强调知识的广度,职业成就的大小往往与个体对相关领域知识的把握与兴趣程度有关。三是实践知识,是指在实际职业实践中知道在什么情况下需要什么的知识。四是条件性知识,它是指为更好完成职业活动所需的工具性知识,如教师还要知道有关心理学与教育学的知识,这样才能完成好教书育人的职业职责。

(2)技能结构。它包括职业活动所需的智慧技能和与职业匹配的熟练的运动技能。职业技能是直接能够影响从业者能否顺利完成某种职业活动和工作效率的心理特征,它是先天素质和后天环境共同作用的结果,并与人们的实践活动密切相关。人们要完成某种职业活动,往往不是依靠一种技能,而是依靠多种技能的组合。不同的职业对技能的要求是不一样的,这主要体现在不同的职业对智慧技能中的注意力、观察力、记忆力、想象力和思维力等构成成分有不同的侧重点,而对运动技能的要求相差就更远了。一般而言,特定职业对智慧能力与运动技能的要求是相配套的,如音乐教师要求有区别旋律曲调特点的能力、音乐表象能力以及感受音乐的能力,同时也要求相应的演奏音乐的运动技能。智慧能力是完成职业活动的基础,而运动技能则是完成职业行为的基本操作。

二、职业心理素质的特征与功能

(一)职业心理素质的特征

职业心理素质既是特定职业对所有从业人员都要求具备的心理品质,也是人的一般心理素质在职业领域内的应用和体现,既是从业者进行特定职业活动的心理基础,也是职业活动顺利完成与职业成就高低的重要条件。一般而言,职业心理素质具有以下一些特性:

1. 稳定性。职业心理素质是个体相对稳定的心理特征,是个体在职业生涯中体现出来的职业意识与职业技能,反映一段时期内从业者与职业之间的适应状况,因此具有相对的稳定性。而且职业心理素质一经形成,便是具有相对稳定的心理结构系统。这种稳定性对个体而言具有两方面的意义,首先它能够持续稳定地起作用,特别是随着从业者职业活动的逐步发展,其对职业活动中出现的各种情况都能够自动地进行处理,这样有利于提高职业活动的效率;另一方面,职业心理素质的稳定性也容易造成在职业活动中出现思维和行为上的定势,使人的职业活动出现按部就班和故步自封的现象。

2. 基础性。职业心理素质对职业活动的影响是全面而深远的,它不仅影响人们对职业的选择、职业活动的效率、职业成就的大小，而且影响着从业者对职业的适应和发展，以及个体从职业活动中获得的满足感。这种基础性还表现在，由于人的职业心理素质的不同，对职业适应也不同，而职业本身又是现代人的主要社会行为，使得来自职业生活的各种信息对人的整个心理系统都有重要的影响。因此在职业心理学的研究中，职业调适是非常重要的内容，其原因就在于来自职业上的压力不仅能够引起胃肠机能失调、头痛、过度疲劳等生理症状，而且更多的是使从业者出现焦虑、沮丧、压抑、注意力无法集中等心理问题。

3. 综合性。职业心理素质不是单纯各种心理品质的总和，而是在人的职业活动与实践中综合表现出来的心理品质，尽管我们也对其进行构成成分的分析，其实从更严格的意义上说，这些成分只是影响职业心理素质的各种因素，职业心理素质从整体上说是人的一般心理素质与特定职业结合反映出来的心理特质（品质）。

4. 发展性。尽管职业心理素质具有相对的稳定性，但它也具有可持续发展的性质和自我衍生的功能。职业心理素质是既在职业教育与相应的职业活动中发展和培养起来的，也会随着职业活动的深入而产生变化。当然这种发展性是渐进的，尽管职业心理素质的构成成分中某些因素可能在短时间发生重大改变，但这种改变对整个职业心理素质的影响是相当缓慢的，这从另一个方面也反映了职业心理素质的稳定性。

（二）职业心理素质的功能

职业心理素质的高低反映了个体对特定职业的适应程度，这种心理素质形成之后对相应的职业活动有自己独有的作用与功能，这种功能主要体现在：

1. 制约功能。这表现在个体的职业活动是在其所具有的职业心理素质基础之上进行的，职业心理素质的高低制约着职业活动的各个层面，这既包括职业技能的高低对职业活动效率与职业成就大小的制约，也包括个体的职业价值观、职业兴趣与动机，以及有关职业的敬业精神等对职业选择和职业活动的影响与制约，职业心理素质的制约作用将会体现在职业活动的整个进程中。

2. 调节功能。这表现在职业心理素质对职业活动过程的动态调整，由于职业心理素质是一个比较稳定的心理品质，因此对于在职业活动中的异常行为，可由个体对职业活动的基本态度、技能等因素进行良好的调节，使其表现出与职业心理素质较为一致的状态。职业心理素质的这种调节作用是在职业心理水平的基础上对职业活动的综合作用。

3. 鉴别功能。这表现在职业心理素质对特定职业的适应状况不同，职业心理素质本身是不同职业对从业者所要求心理品质的总和,也是人的一般心理素质在职业活动领域的表现,这既体现在职业选择之前求职者与职业要求之间的关系,也表现在对职业活动过程的适应情况,而职业心理素质的高低对个体具有的职业心理要求的多少及其适应性有相应的区分作用。职业心理素质高,表明从业者对职业活动的适应性也更好。通过对职业心理素质的检测,也可以区分出不同水平的从业者。

第二节　职业心理素质培养

在职场竞争异常激烈、工作岗位优胜劣汰的今天,大学生要走向社会成为"职业人",要在成功与失败、荣誉与挫折的考验中保持平常心态,胜不傲,败不馁;在赞扬与指责中保持平静,做到宠辱不惊;要能够坚定信心,克服困难,为了理想的实现,看准目标、不懈努力、开拓进取、大展宏图,就必须有健康的职业心理素质。

一、职业心理素质的内容

从职业和生存发展的需要出发,职业心理素质主要有四个方面的内容:

(1)认知与才能品质。包括注意力、感知力、记忆力、观察力、思维力、想象力、知识、技能、熟练、创造力等。

(2)需要与动机品质。包括本能、欲望、意愿、兴趣、爱好、动机、志向、理想、信念等。

(3)气质与性格品质。包括气质、情绪、情感、态度、性格、意志品质和行为方式等。

(4)自我意识与个性心理品质。人的心理素质受遗传因素和后天的学习,经历的内化、积淀的双重影响。简单而低级的心理活动先天因素居多,复杂、高级的心理活动则后天因素居多。

二、职业心理素质的标准

一个人心理素质如何,关系到人的事业成功与否。有些人,能力、机遇和才华都不错,却做事难以成功,总与机遇擦肩而过,其主要原因很可能是缺少良好的心理素质。而有些心理素质好的人,却能弥补自身能力、学识方面的某些不足,总是能抓住各种机遇,取得成功。大学生职业心理素质应具备如下十条标准:

(1)有理想和抱负;

(2)有良好的自我意识;

(3)有较强的个体意识;

(4)有较好的群体意识;

(5)有敢于竞争的精神;

(6)有较好的创新精神;

(7)有健全的认知能力;

(8)有健康的情感;

(9)有良好的意志;

(10)有较好的适应能力。

三、职业心理素质的培养

职业心理素质要从积极心态、抗挫折能力、健全人格、交流能力、成功心理五个方面培养。

(一)培养积极心态

美国心理学家詹姆斯指出,通过控制情绪可以改变生活,情绪时时处处渗透在人们的生活心态中,影响着人们行为的效果,哈佛大学的一项研究表明,个人取得成就的原因中85%是因为有了积极健康的情绪,而只有85%是因为个人具备了专门技术。培养良好心态的办法:

1. 悦纳自己。心理学家罗杰斯认为,一个人的"理想自我"与"真实自我"差距过大,会感到痛苦和郁闷,缩小差距的办法就是接受先天的不足(如容貌不佳等),发展自己的潜力,欣赏自己的优点,达到心理上的平衡。

2. 克服消极情绪。人有喜怒哀乐惊恐忧,是在平常不过的事情,但能否正确地调整自己的心态,却是一种重要的能力。20世纪以来,把这种能力称为"情商",并被认为在心理素质中比智商更起决定作用。培养这种能力首先要对生活充满热爱;其次,对于性格急躁的人,要做事讲究条理,把急性"磨慢";再就是学会采用转移法、宣泄法、理性法等方法,自我调节情绪。

(二)抗挫折能力的培养

人生不顺十有八九,这是规律,但挫折和失败也是一种重要的财富。大学生在求职和以后的发展中,会遇到来自各个方面各种各样的挫折,在校学习期间就应该努力培养抗挫折能力,如在学习上,在同学、师生之间交往中,在做事的失败中,在被别人的误解中,在做错事被批评或谴责中能保持正常的心态,认真地分析对待所有的事情,对于培养良好的职业心理素质大有益处。

1. 要敢于接受磨难。自古雄才多磨难,遭受挫折虽然使人感到烦恼、痛苦，但是它也可以激发人的进取心，促使人努力去改变境遇，在克服挫折中磨炼人的意志和性格。巴尔扎克说："挫折就像一块石头，让你却步不前，对于强者却是垫脚石，使你站得更高。"曾国藩生逢晚清乱世之中，在艰苦的条件下处理无穷变乱，吃尽了挫折和失败之苦。曾多次陷入绝境企图一死了之。但也正是因为亲历了失败，使他具备了坚忍不拔的毅力，也探索到了失败的规律，总结出一套有效的防败、反败的策略。

2. 注重及时调整目标。要为自己树立明确的奋斗目标，但对于不切实际、不够科学或由于情况的变化而脱离实际，导致难以实现的目标，使自己心理上感到受到了挫折，就要及时调整目标，高了要降下来再分段实施，偏了要正过来，再去努力。

3. 学会释放能量。能量有正负之分，学习获得了新的知识，工作取得了成绩，实验获得了成功，受到了赞扬和表彰等是正能量，能使人心情愉悦，增强信心；而需要的知识不掌握，工作造成了损失，实验遭遇到失败，挨了批评或处分等是负能量，会使人感到急躁或郁闷。对于负能量要想办法释放出来。办法很多，如找信任的老师、同学、朋友等把憋在心里的话倾诉出来，干脆一吐为快，到没人的地方大喊大叫一通，把心里的浊气释放出来。用参加自己喜欢的活动的办法冲淡或抵消掉等，总之，以使自己轻松快乐起来为目的，但要注意时间、场合和地点，不能有破坏性的行为和造成不良的影响。

4. 学会心理升华。心理升华能使感情和需要向更高层次发展。当一个人受到某种挫折时，从情感和需要上升华，能达到心理上的平衡，催人上进，促使人走向成功。著名理论物理学家普朗克在研究量子力学理论时，家庭屡遭不幸，妻子去世，一个儿子在战争中牺牲。他用加倍的工作来转移自己内心巨大的悲痛，结果提出了量子理论，获得了诺贝尔物理学奖。

5. 学会自我安慰。当遇到挫折时，要想到困难总是暂时的，只要坚持不懈的努力，总会成功的。有时也需要"先退一步，海阔天空"，以解脱或减轻自己的烦恼，求得心理上的平衡。

6. 保持积极向上的心态。保持积极、乐观、向上的心态，对于克服挫折会有很大的帮助。不论是成功还是失败，都要把事情看得淡一些。"有容德乃大，无欺心自安"，特别是个人的一些利益，看得过重，心理压力自然就大，看得轻了，压力也就小了。

7. 学会自我反省。当遇到挫折时，冷静客观地反思，敢于肯定自己的成绩，也敢于批评自己的错误，承认自己的不足，找出问题的原因和解决的办法。"静坐常思己过，闲谈莫论人非"，与此同时，自己的心态也向积极的方向转化。

（三）健全人格的塑造

健全人格是建立在个人对自己正确认识和评价的基础上的。可以说，一个人正确认识自己，接受自己的程度，决定着他的适应社会能力的强弱，是职业心理素质最重要的综合标志。

1. 要主动建立良好的人际关系。良好的人际关系是事业成功的重要基础。首先要学会主动与他人交往；其次，要有爱心，在关爱他人时不但能体会到自身价值的实现，还能提高自己在人际关系中的威信和凝聚力；第三，要心胸宽广，大事讲原则，小事不计较；第四，要具有娴熟的交往艺术，这是提高交际层次的重要手段。

2. 要主动参与社会性活动。社会性活动对培养人的健康心理，提高多方面的职业素质水平都起着潜移默化的作用。参加社会性活动，能开阔视野，使学习、娱乐、艺术、幽默等文化知识得到升华，受到锻炼。特别是参加公益性社会活动，向社会奉献出爱心的同时，自己的灵魂得到净化，品格也得到升华。

3. 要正确评价自己。人贵有自知之明，对自己要客观评价，既知道长处要发扬，也知道短处要设法避短。但有时真正准确地认识自己和客观地评价自己也不容易，这就需要借助“第二者”的力量，因为“旁观者清”。办法很多，如真诚地向老师、同学请教，进行心理测试等，都能够起到全面了解和评价自己的作用。

4. 要有自信心。自信是职业获得成功的必备素质，没有自信将一事无成。有了自信，相信人生的目的只有“成功”两个字，遇到困难能够克服，遇到危难能够自救，这是无数成功者的亲身体验。成功学家希尔说，“有方向感的信心，令我们每一个意念都充满力量。当你有了强大的自信心去推动你的成功巨轮，你可以平步青云，无止境地攀上成功之路。”

5. 要学会超越孤独。孤独往往把自己封闭起来，在自己与外界竖起“一堵墙”，会严重影响自己的职业生涯和自身的发展。所以必须学会把自己从孤独中解放出来，融入到开放的气氛中去，用真诚和热情去与人交往，去关心外界的事物。

（四）交往能力的培养

人际交往是现代人生存所必备的能力，是衡量一个人生存能力的重要指标。正常的人际交往和良好的人际关系，更是职业心理所必备的基本素质，也是事业成功的重要保证。然而据中国科学院心理研究所的一项研究表明，约有 1/3 的学生对自己的交往能力持怀疑态度，缺乏交往的信心。对大学生来说,在校学习期间努力培养职业交往的能力,更显得重要。

1. 要有积极交往的意识。包括群众意识、开放意识、参与意识、合作意识等。

2. 要有良好的交往道德。包括为人善良、正直、真诚、负责、守信、重感情、重友谊、自尊自重、互相帮助等。

3. 要掌握交往的要领。如会赞美别人、能宽容大度、会说服别人、会尊重别人、会拒绝涉及到隐私方面的问题等。在与老师、同学、父母、异性的交往中,各有不同的规律和要求,需要在交往的实践中去领会和掌握。

4. 要有人际适应能力。包括与不同背景、不同性格、不同气质、不同爱好、不同能力的人交往的能力;逐步学会积极适应不同的人际环境,既不孤傲清高,又不随波逐流。

(五)成功心理的培养

在人的职业生涯中,有成功,也有失败,但要认识到失败者不是因为摔倒而失败,而是因为摔倒不再爬起来才失败。

1. 要有追求成功的心理。需求心理是人的最基本的心理特征。如果只希望成功而不去努力追求,成功还是渺茫的。

2. 要有敢为心理。要成功必须敢为。要主动地培养自己敢作敢为,克服困难,承受挫折的耐力和坚忍不拔的进取心。

3. 要有成功的进取心理。不甘落后,争求上进,合理竞争,力求取胜是良好的职业心理素质的重要特征。

4. 要有成功的自信心理。相信自己的能力和自己确定的目标一定会实现,并努力为之坚持不懈的奋斗直到成功。

5. 要有成功的创造性思维。成功的核心在于创造性思维,其关键是创造性突破,而不是过去的重复和再现。它没有可借鉴的经验和方法可以套用。所以,要培养学生敢于突发奇想,打破常规,主动接受新的思想和观念。

第三节　择业心理素质

一、择业心理准备

择业是大学生人生道路上的一次重大选择,将会遇到比以往任何时候都严肃的课题、复杂的矛盾和深深的困惑,每个人都要接受心理素质的检验。因此,大学生了解心理素质对就业影响的有关问题,进而培养自己良好的心理素质,对于自身的健康成长和顺利迈向社会,都是非常必要的。

(一)心理素质对大学生求职择业的影响

1. 对确定择业目标的影响。求职择业是大学生完成学业,走向社会、服务社会的需要。求职择业中的首要问题是确定择业目标。心理素质对确定择业目标起着重要作用。它决定求职者能否客观正确地分析自我、认识自我。如所学专业、思想修养、能力特长、兴趣爱好等;能否客观正确地分析用人单位需要和社会需要;能否将个人利益与国家利益,个人理想与社会需要有机结合起来;能否在择业的坐标中找到自己准确的位置。

2. 对择业目标实现过程的影响。择业是选择与被选择的过程,是大学生施展才华、叩开职业大门的过程;也是用人单位评判、筛选大学生的过程。大学生在择业中,将会遇到自荐、面试、笔试、竞争等一系列的考验,也将会遇到专业与爱好、专业与效益、专业与地域、地域与家庭之间的一些矛盾。能否顺利地接受这些考验,能否果断地处理这些矛盾,心理素质起着重要作用。良好的心理素质,可使人在面对考验和矛盾时,做到镇静自如、乐观向上、不怕挫折、勇于创新、缜密考虑、果断决策。面对择业无论成功与否,都能及时进行情绪的自我调整,正确支配自己的感情和行动,能对外界刺激作出符合社会行为规范的反应。特别是在不成功时,更能有效地克制自己,调整自己的心境,尽快摆脱消极情绪的影响,避免情绪过度波动,以便及时总结经验,另辟蹊径。若心理素质不良,是很难面对这些考验和复杂情况的。

3. 对实现择业目标的影响。良好的心理素质对择业目标的实现,起着促进和保障作用,可使求职者充分发挥自己的聪明才智,挖掘自己的潜力,综合自己的优势,扬长避短,不懈努力,从而找到最能施展自己才华,实现人生抱负的舞台。

(二)心理素质对大学生职业适应与职业成就的影响

1. 对职业适应的影响。大学生求职择业完成后将走上新的工作岗位,角色的变化、人际关系的变化、环境的变化,将会给大学生带来种种新的考验,尤其是能否适应职业、适应环境,是这一转折时期的突出问题。心理素质良好,就能适时调整心态,把握自我,开放自我,与新的环境保持平衡,尽快适应职业角色,使适应期大大缩短。反之,将会延长适应期,甚至自始至终难以适应职业角色。

2. 对职业成就的影响。适应职业仅仅是一个良好的开端。大学生的人生抱负,是在岗位上做出成就和贡献。心理素质将对职业成就的取得起着重要作用。心理素质良好,就能发挥个体优势,热爱职业、献身职业,就能以顽强的意志攻关,解决工作中的一个个难题,克服工作中的一个个难关,就能促使人大力进行改革,改进工作方法,提高工作效率,在岗位上做出贡献。反之,则很难做出成就。

二、择业中常见的心理问题分析

面对择业,大学生的心理是复杂而多变的。从积极方面看,主要表现是:第一,通过几年大学生活,在知识、能力与人格方面有了积极的显著的发展。第二,有着强烈的就业意愿和积极的就业动机,为能尽快实现自己的抱负而高兴。大学生毕业时都为自己即将走向社会,将自己所学的知识与本领奉献给人民,实现自己的人生价值而感到由衷的欢欣。第三,为能赶上就业制度的深入改革而庆幸。就业岗位和就业方式的多样化为大学生就业提供了更多的机遇和更大的自由度,许多大学生都摩拳擦掌,跃跃欲试。第四,热爱所学专业,准备在专业领域内一展身手。但是,在择业过程中大学生又难免出现种种心理矛盾、心理误区和心理障碍。有时出现的这些方面的问题还是比较严重的。

(一)常见的心理矛盾

心理矛盾也可理解为心理冲突,它是指两种或两种以上不同方向的动机、欲望、目标和反应同时出现,由于莫衷一是而引起的紧张心态。心理冲突是心理失衡的重要原因。心理矛盾并不奇怪,人的一生就是在矛盾心理中度过的,甚至可以说心理矛盾是促进心理发展的动力。但是过分强烈而持久的心理矛盾冲突对人的心理健康与活动效果会带来消极的影响。大学生在求职择业中的心理矛盾就属于这种情况。这类矛盾既有需求矛盾,又有目标矛盾,主要表现为:

1. 有远大的理想,但往往不能正视现实。人的一生,总是在不断地追求美好的未来。大学生在择业中这种追求和憧憬更为强烈,更为丰富,更为远大。经过充实而丰富的大学生活,大学生知识的羽翼已渐丰满。面对汹涌的市场经济大潮,他们豪情满怀,准备搏击一番。然而,由于他们涉世尚浅,接触社会较少,理想往往脱离客观条件。如许多大学生都想成为大经理、大老板、“大款”,想走商业巨子之路。但是,在择业中他们并未深入地思考自己的知识、能力、性格、爱好、气质等是否适合从商。或者未慎重考虑所选择的单位是否有利于自己的发展,以致出现了理想自我膨胀和现实自我萎缩之间的矛盾。

2. 想做一番事业,但缺乏艰苦创业的心理准备。在择业中,很多大学生都愿意从专业出发选择职业,准备干一番事业,实现自己的人生价值,不愿意庸庸碌碌,无所作为。但同时,他们又缺乏艰苦创业的心理准备,想走捷径,想涉足层次高、工作条件好的单位，想一举成名，一蹴而就。不愿到艰苦的地方去，不愿到西部地区、边远地区去，不愿深入基层。

3. 有较强的自我观念，但缺乏把握自我的能力。丰富的大学生活，使大学生的自我意识日趋完善，他们对自我的存在及意义有了明确的认识。在择业中，他们意识到自己作为人才，将会为社会贡献自己的聪明和才智。同时，他们也迫切需要社会的承认。但是，由于他们社会经验不足，自我意识还不完善，还不能正确地认识自我和评价自我。有时评价过高，产生洋洋自得、目无一切的心理；有时评价过低，产生自卑自贱、自艾自怨的心理。以致出现期望过高或过低的现象。在面对择业现实时，有时又不能把握自我，遇到顺利的事，忘乎所以、狂喜狂欢；遇到挫折时，烦躁苦闷、自暴自弃，不能冷静地理智地对待现实，缺乏驾驭自我的能力。

4. 渴望竞争，但缺乏竞争的勇气 。就业制度的深化改革，为大学生择业提供了更为公开、公平的竞争环境。大多数学生对此渴望已久，他们已经认识到，在商品意识广泛渗透到社会生活的各个方面，世界经济面向“大市场”的情况下，一个人如果没有强烈的竞争意识，就不可能成就事业。但是，真正面对社会为其提供的竞争机会时，许多大学生又顾虑重重，缺乏勇气，有的怕竞争失败丢了面子，有的怕竞争伤了和气，有的认为不正之风干扰太大，竞争肯定会失败。他们把不愿参与竞争的原因都归结到外界，其实，真正的原因是他们自己主观努力不够，缺乏实践的能力和勇气，尤其是一些学生在择业中遇到困难时，不善于调整自己，从而拱手让出竞争的权利。

5. 鱼和熊掌，不可兼得，难以抉择。择业过程中，往往会遇到多种选择的境遇。各种选择各有千秋，倘若犹豫不决，往往会坐失良机。例如，考公务员待遇稳定，但收入不高；经商收入丰厚，但不稳定；留在原籍人际关系较熟，但缺乏新鲜感和挑战性；去外地有新鲜感和挑战性，但又人地两生。这些都是大学生在求职择业中经常遇到的难以决断的问题。

为什么大学生在求职择业中会产生以上心理矛盾呢？主要原因是：

(1)求职择业本身是各种矛盾的汇集，是处在各种矛盾之中的艰难选择。大学生在求职择业中会遇到各种矛盾，如理想与现实的矛盾，专业与爱好的矛盾，专业与地域的矛盾，地域与家庭的矛盾，讲究实惠与精神需求的矛盾等。这些矛盾，互相交织，互相作用，是他们从来没遇到过的，这就使得大学生难免处在一种心理不平衡和难以自拔的境地。

(2)大学生自身正处于人生中心理矛盾突出的阶段。大学生正处于成长时期，心理发展尚不平衡、不稳定，往往会产生各种矛盾，这些矛盾主要表现在以下几个方面：

第一，理想与现实的矛盾。一方面，他们满怀激情，追求理想，对自己进行美妙设计;另一方面,他们社会地位尚未独立,知识经验积累还不足,不善于客观地认识面对现实,易使理想与现实严重脱离。

第二,开放与闭锁的矛盾。一方面,他们愿意敞开心扉,广交朋友,广泛交流,容社会于我心,置自我于社会;另一方面,他们又表现出闭锁性,保守自己的秘密,沉浸于自我思索,以自我为中心,以需求为半径,画地为牢,安居于心灵的孤岛。

第三,独立性与依赖性的矛盾。一方面,他们以为自己已经成人,强烈希望摆脱家庭与学校的束缚,走上社会,具有成人的地位,从事独立的活动,实现成人的价值;另一方面,他们自身尚未成熟,稚气未脱,涉世不深,在许多方面还需要家庭、学校、社会的帮助。

第四,情感与理智的矛盾。由于他们身心发育未完全成熟,情绪易波动,自控能力较差,喜怒哀乐等多种情绪的迸发较为强烈,易与理智发生冲突。青年情绪的两极性、易感性、易变性决定了大学生情感与理智之间矛盾的必然性。

(3)生理与心理发展的不同步性。处于求职择业中的大学生,一部分生理与心理已趋于一致,即生理已经成熟,心理“断乳期”也行将结束,有独立的意识和独特的个性。但是,仍有相当一部分大学生心理还不成熟,生理与心理的发展有明显的不同步性。加之具体生活体验不同,形成的个性心理特征也有较大差异,在求职择业中就表现出心理特征的复杂性、矛盾性。

(4)就业指导工作(尤其是就业心理咨询)明显滞后于学生就业心理的发展变化。学生面临就业,迫切希望有人帮助他们解决择业过程中的种种心理适应问题,维护他们的心理健康,保持应有的心理平衡。特别是在就业制度改革步伐加快、竞争激烈、信息量大、人们就业观念发生较大变化的新形势下,学生的这一需求更为迫切。但是,就社会和学校在这方面开展的工作而言,做的还远远不够,明显滞后于学生就业心理的发展变化。

对于大学生就业心理中的上述矛盾,我们应当予以正确的认识,绝不可笼统地将其一概视为消极心态。应当看到:学生择业中的心理矛盾表明了学生心态中的积极因素与消极因素两个方面,其中的积极因素无疑是主导的、本质的方面。还应当看到:学生择业中的心理矛盾是发展中的心理现象,是学生心理发展趋向成熟的动力。只有当学生处在心理矛盾之中时,他们才会寻求积极的解决办法,寻找心理出路,这就为教育引导学生调整心态和合理择业提供了一个有利的心理背景。

(二)常见的心理误区

心理误区是指人在心理上特别是认识和人格上陷入无出路而又不能自

拔，且本人对此又缺乏意识的状态。大学生在求职择业中常见的心理误区有：

1.“双向选择”就是“自由选择”。一部分学生认为，既然现在是社会主义市场经济了，就业政策就应该是完全的市场政策，供需双方完全可以自由交易、自由成交。自由度越大，毕业生与用人单位“双向选择”的空间就越大，“我愿选择哪里就选择哪里”、“哪里选择我，我都可以去”。他们抱怨改革的步伐太慢，埋怨“一定范围内的双向选择”实际是给人限定了框框，他们期望一种无拘无束的选择空间。他们并不知道，就业制度的改革是要和劳动人事制度、招生制度和户籍制度的改革配套进行的，是逐步推进和实施的，是要经过一个历史过程的；而且即使这个过程已经完成了，也并非“自由选择”。

2. 我不能比别人差。大学生参加大规模的洽谈会尚属首次，他们在这种场合中衡量事物，尤其是评价自己的价值能否得到承认的最常见的办法是互相攀比，比周围的同学哪个选择了知名度高、效益好的单位，哪个同学去了大城市或高层次部门。他们在心理上总抱有一个念头就是“我不能比别人差”、“我不能不如人”、“过去我事事顺利，择业也依然会顺利”。尤其是学习稍好一点的学生更是如此，于是在选择中，攀比嫉妒、强求心理平衡，总是把比别人作为标准，“这山望着那山高，这花看着那花俏”。结果，不从实际出发，延误了时机。

3. 大多数人钟情的一定是好工作。一部分学生选择工作单位，自己毫无主见，总是随波逐流，看大多数人选择哪里，自己就选择哪里；大多数人往哪里挤，自己也往哪里挤。他们认为，大多数人钟情的，一定是好工作；大多数人选择的，一定没错。结果，人云我云，不假思索，盲目跟着大多数人走，忽视了自己的特长，丧失了最能发挥自己特长的机会。

4. 要去就去沿海或大城市。一部分学生面对择业认为，要去就去沿海或大城市。在他们看来，沿海可以挣到大钱，到大城市一定会有更多的发展机会。他们宁肯到沿海或大城市改行，不愿为当地和西部地区、边远地区献业，宁要大城市一张床，不要边远地区一套房。他们选择的目标不是深（圳）、珠（海）、广（州）、（海）口，就是天（津）、南（京）、上（海）、北（京）。他们很少考虑自己事业的发展和能力的发挥，更少考虑国家的需要。

5. 选择单位就看实惠不实惠。一部分学生认为，择业既然是人生的一次重要选择，选择单位就要看其实惠不实惠。他们的观点是“管它专业对口与否，挣钱第一”，“前途前途，有钱就图”，“先挣钱，后搞专业”。在与用人单位洽谈时，首先问及的是该单位效益怎样，奖金多少，能否分到住房，而很少涉及专业问题。他们的眼睛，只盯着外贸、金融、保险和邮电等经济效益好的部门，很少问津企业、科研、教育等更能发挥他们才能的部门。

6. 求职的竞争就是关系的竞争。有些大学生认为，择业的竞争不是求职者素质的竞争，而是关系的竞争，看谁的关系硬，看谁的关系起作用。于是，这些学生不把立足点放在自身努力上，而是找关系、递条子，甚至不惜代价，重礼相送，用庸俗化的一套手段对待择业，使公正、公平、公开的竞争原则受到了损害。

7. 首次就业关系一生命运。有些学生受传统择业观的影响把初次择业看得过重，在他们看来，选择一个单位就预示着自己"嫁"给了这个单位，嫁鸡随鸡，嫁狗随狗，自己将在这个单位厮守终身，单位好了，自己就好，单位不行了，自己跟着倒霉。因此，他们觉得首次就业关系一生命运。他们看不到人才流动制度改革的步伐加快。看不到新的择业观正在进入人的头脑，看不到越来越多的人正是通过流动，才寻找到最能发挥自己才能的岗位。

8. 非国有单位不予考虑。有些学生择业的观点是"非国有单位不予考虑"。他们认为：国有单位可靠、保险、稳定；非国有单位反之。固然，这些学生主动献业于国有单位是应该给予肯定的；但是，工作可靠不可靠、保险不保险、稳定不稳定，绝不是以单位的所有制性质决定的。而关键要看其是否主动适应市场经济的要求，是否有发展势头。实际上，不少非国有单位主动适应市场的要求，发展势头很好，既是对公有制经济的有力补充，又缓解了国家的就业压力。大学生到这些单位工作，同样可以发挥自己的聪明才智，同样也是为社会主义服务。那种认为到国有单位就可靠的观点也是过时的，随着人事制度的深入改革，国有单位也充满了竞争，不适应工作岗位的人，也是会被"炒鱿鱼"的。

当然，大学生择业的心理误区还有不少，我们不一一列举。在择业的关头，大学生产生这些心理误区是不奇怪的，这是由于在客观上就业政策改革宣传的力度不够，学校思想教育较为薄弱，市场负面的影响较大等等；在主观上主要是大学生心理成熟度不高，认识能力不强。认知上的偏差，学习和理解不够，误解了改革政策，或者缺乏正确客观的认识能力，是非不清，以偏概全，忽视长远等等，而自己又意识不到。因此，引导学生消除心理误区最根本的方法是帮助学生提高认识能力。认识能力越强，越善于认识自我，认识他人、他事和他物，能较客观地、全面地、发展地、灵活地看问题，即具有理性的认识观念，就容易面对现实。

（三）常见的心理障碍

心理障碍指一切心理不健康的现象或倾向，它是心理压力和心理承受力相互作用，使人失去了应有的心理平衡的结果。心理障碍表现十分复杂，程度亦有轻重之分。大学生择业中出现的心理障碍多属适应过程中的轻度心理障碍。主要表现有：

1. 焦虑。焦虑是由心理冲突或挫折而引起的,是一种复杂情绪的反应。主要表现为恐惧、不安、忧虑及某些生理反应。轻度的焦虑,人皆有之,是正常的;适度的焦虑,使人产生一种压力感,迫使人积极努力;过度的焦虑,则会干扰人的正常活动,易导致较严重的心理障碍或疾病。

毕业前夕,绝大多数大学生心理问题表现为过度焦虑。有关研究表明,引起毕业生焦虑的问题主要是:自己的理想能否实现;能否找到一个适合自己专业特长又环境优越的单位;用人单位能否选中自己;屡屡被用人单位拒之门外怎么办;自己看中的单位,父母、恋人不赞同怎么办;选择单位失误,造成"千古恨"怎么办;到单位后不能胜任工作怎么办等。尤其是一些长线专业,或来自边远地区,或性格内向,或有生理缺陷,或成绩不佳的大学生以及女大学生,表现得更为焦虑。这种焦虑,使大学生毕业时精神上负担沉重、紧张烦躁、心神不宁、委靡不振;学习上得过且过、穷于应付、反应迟钝;生活中意志消沉、长吁短叹、食不甘味、卧不安席。有些学生在屡遭挫折之后,甚至产生了恐惧感,一提择业就心理紧张。

大学生择业中焦虑心理的一种特殊表现就是急躁。在职业未最终确定以前,大学毕业生普遍都有急躁心理。他们恨时间过得太慢,怨用人单位优柔寡断;他们希望谈判桌前就一锤定音,希望无须经过周折就能如愿以偿。急躁心理还反映在选择单位上,在对用人单位信息掌握较少或不完全了解用人单位的工作性质的情况下,就匆匆签约。一旦发现未能如愿,又后悔莫及。尤其是在规定的期限内未落实单位的一些学生,心理更为急躁。急躁是一种不良心境,和冷静是对立的。急躁时,缺乏自我控制,过于急躁,会导致事倍功半甚至事与愿违。大学生在择业中的这种急躁心理,常使他们忧心忡忡、烦躁不安、心理紧张、无所适从。

2. 自卑。一些大学生过低地估价自己,总是自惭形秽,自己看不起自己。在求职择业中,他们往往缺乏自信心,缺乏勇气,不敢竞争。这种现象多见于自我意识发展不健全的大学生及性格内向或有生理缺陷的大学生。在屡遭挫折之后,一些大学生容易产生强烈的自卑心理,胆小、畏缩、觉得自己事事不如人。

自卑是一种缺乏自尊心、自信心的表现,自卑常和怯懦、依赖等心理交织在一起。它使一些学生悲观失望、忧郁孤僻、不思进取,阻碍了学生自身聪明才智的正常发挥。过度自卑,还会产生精神不振、消极厌世、沮丧、失望、孤寂、脆弱等心理现象,久而久之还可能导致自卑型问题人格发生。

3. 怯懦。怯懦是一种胆小、脆弱的性格特征。有些大学生在求职择业过程中过于怯懦,有一种"丑媳妇怕见公婆"的心理。有的在谈判桌前不是面红耳赤,就是语无伦次、张口结舌、支支吾吾、答非所问。辛辛苦苦准备的"台词”、腹稿，一急之下，忘得一干二净。有的谨小慎微，深怕一句话说错、一个问题回答不好会影响自己在用人单位代表心目中的形象，以致不敢放开说话，该表达的未表达。这些学生渴望公平，但在机遇到来时却手忙脚乱，局促不安；他们盼望竞争，然而在机遇面前却未能充分发挥自己的才能，在“自我推销”中退下阵来。这种怯懦心理也多见于一些女生和性格内向或抑郁气质类型的大学生。

大学生多是第一次面临“自我推销”的场面，由于缺乏经验，心理紧张是可以理解的，但如果过于紧张或异常胆怯、谨小慎微，就会影响水平的正常发挥。这对于大学生达到择业目的是非常不利的。

4. 孤傲。一部分学生对自己估价过高，自认为高人一等，非常傲气；或认为自己已学习了很多的知识，各方面条件也不错，不会没有好的归宿，哪个单位录用自己是其荣幸；或认为现实太落后，英雄无用武之地。在择业中，这些大学生好高骛远，期望值过高，看不上这单位，瞧不起那种职业，横挑鼻子竖挑眼，没有自己满意的。孤傲心理是缺乏客观地自我分析和自我评价的表现。一旦有了这种心理，很容易脱离实际，以幻想代替现实，使自己的择业目标和现实产生极大的反差。倘若未能如愿，则情绪会一落千丈，从而产生孤独、失落、烦躁、抑郁等心理现象。

5. 冷漠。当一些大学生因在择业中受到挫折而感到无能为力、失去信心时，会出现不思进取、情绪低落、情感淡漠、沮丧失落、意志麻木等反应。他们自认为看破了红尘，决计听天由命，任凭自然发落。冷漠是遇到挫折后的一种消极的心理反应，是逃避现实、缺乏斗志的表现。这种心理是与就业的竞争机制不相适应的。

6. 问题行为。问题行为即违背社会行为规范的不良的行为。毕业前，一些大学生因某些主体需要不能满足或强度较大的挫折感，加之平日缺乏应有的品德与个性修养，可能发生各种各样的问题行为。常见的有逃课、损坏东西、对抗、报复、迁怒于人、拒绝交往、进行不良交往、过度消费、嗜烟、嗜酒等等。问题行为的存在，不仅会影响学生顺利择业，严重的还可能导致违纪与违法。

7. 躯体化症状。躯体化症状是由于心理压力和生活方式而导致的异常的生理反应。毕业前的大学生，由于心理应激水平高、心理冲突强度大、挫折体验多，加之一部分大学生性格上本来就不十分健全，因此容易导致某些躯体化症状，如头痛、头昏、血压不正常、消化紊乱、背痛、肌肉酸痛、口干、心慌、尿频、饮食障碍或睡眠障碍等。这些症状若不及时排除，则会危及学生的身体健康及心理健康。

从以上种种反应可以看出，大学生在求职择业中产生的这些心理障碍，具有适应性障碍的特征。主要是因大学生面对求职环境的应对不良而引起，故有的焦虑急躁，有的自卑怯懦，有的冷漠逃避，有的孤傲目无一切，有的全身不适，有的食欲不振，这都说明，他们对求职环境缺乏一种良好的适应。但这种现象只是属于发展过程中的适应不良，只要大学生主动适应就业环境，各方面引导得法，这些心理障碍会随着时间的推移而逐渐消除，大多数不会形成心理疾患。

大学生产生这些心理障碍，有其主客观原因。

客观原因主要有：一是从社会环境看，我国经济体制正处在由计划经济向市场经济的过渡时期，产业结构调整、企事业单位减员、政府机构缩编、部队裁员，因此为大学生提供的工作岗位有限。二是从家庭期望看，多数家庭对子女所寄的期望较大。作为父母，多数希望子女毕业后能到层次高的单位，不希望子女碌碌无为，平平庸庸。三是从学校角度看，有不少学校师生中形成心理应激是指人在外来刺激下心理适应的强弱状态和能力。一种偏见，认为学生到不了高层次单位，有失学校的声誉，有失学校的身份。四是从同龄人关系及相互影响看，比起未上大学的青年来说，大学生更具有虚荣心，他们认为只有找到一个好的工作才能证明，上过大学的比没上大学的强、身份高。与上大学的同学相比，他们认为谁找到好工作，谁就强；谁找不到好工作，谁就无能，互相攀比，互相模仿。这些客观因素交互作用构成了大学生的心理压力源，使学生心理上呈现出前所未有的复杂性、模糊性和多样性，使学生感到压力重重，无所适从。

主观原因主要是：学生还不善于认识问题和分析问题，不善于重建心理平衡，不善于调整应激，不善于运用自我功能克服“危机”。因而在面临就业环节中的种种压力时，就容易出现心理失衡，导致心理障碍的发生。

三、择业心理问题的自我调适

大学生在求职择业中，不可避免地会遇到困难、挫折。这些挫折常常会引起各种心理问题的发生，特别是有些心理障碍，既不利于择业，又不利于身体健康，甚至还会影响整个人生。解决大学生心理问题的根本对策，是帮助大学生学会自我调适。自我调适是指个体运用一定的原理和方法，主要是心理学的原理和方法，促使自己的心理和行为获得积极改变的过程。自我调适的作用，就在于帮助大学生在遇到挫折和冲突时，能够客观地分析自我，有效地排除心理障碍，从而使自己保持一种稳定而积极的心态，达到如愿择业的目的。因此，引导大学生积极有效地进行心理调适是十分必要的。

（一）提高大学生自我调适的自觉性

对立统一规律是宇宙的根本规律，也是心理发展变化的一般规律。人的心理活动总是处于由不平衡——平衡——新的不平衡——新的平衡的螺旋式发展过程。人的根本特点就在于能够通过自我调节与控制,去改善自己的心境,寻求最佳途径实现自己的目标。

大学生应当认识到,人生是一个不断发展变化的历程,也是个人对环境不断适应的历程,在人生的某些阶段,由于环境条件的改变,社会对个人会提出新的更高的要求,以致使个人感到难以适应。此时,如果个人能够主动自觉地改变自己或改变环境,使个人与环境保持协调,就可以渡过难关顺利进入下一个新的人生阶段。相反,如果个人不能调适自己以符合环境的要求或不能克服环境的某些限制,就会无法通过难关,在发展的道路上出现滞留现象。滞留的时间越长,适应的困难越大,不仅影响自己的现在,还会影响自己的一生;不仅影响择业效果,而且危及身心健康。

面临毕业,大学生们自然会考虑到社会给自己提供了哪些职业位置,有多少选择的机会与可能;同时也会想到如何认识自己,调整自己,使个人作出最佳选择并尽快适应职业活动。前者属于社会就业环境问题,在很大程度上不以个人意志为转移;后者则是心理问题,属于个人可掌握的部分。认识环境、把握自己、寻找一个心理出路,乃是最积极可行的途径。

总之,在求职择业过程中,大学生应当充分认识心理调适的作用,提高自我调适的自觉性,尽量通过自身的努力使自己保持一种良好的心态,以利于合理择业、顺利就业和健康成长。

(二)学习运用心理调节的方法进行自我调适

1. 认识和评价自我的方法。引导学生进行自我调适,首先要帮助学生正确认识和评价自我,这是进行自我调适的基础。因为只有正确地认识和评价自我,才能找到自我调适的立足点。认识和评价自我的方法很多,主要有:

(1)自我静思。自我静思也叫自我反省,就是面对各种矛盾和冲突,首先能冷静地、理智地思考自我,认识自我,评价自我,找到自我的确切位置。面对择业,大学生除了要客观地分析就业环境外,还要正确地认识自我和评价自我,应当明确自己的专业发展方向是什么,自己的兴趣爱好是什么,自己的性格特点是什么,自己的优势和劣势是什么等等。只有通过理智、冷静的自我思考,才能对自己有一个客观地评价,使自己在择业过程中处于积极主动的位置。

(2)社会比较。大学生要正确地认识和评价自我,首先,要将自己与社会上其他人做比较,特别是要通过与自己条件、地位类似的人比较来认识自己,而不是孤立地认识自己。其次,要通过社会上其他人对自己的态度来认识自己;通过对自己参加社会活动结果的分析来评价和认识自己,即在客观上寻找评价的参照尺度来认识自己。如果一个人对自己的评价与他所获得的各种比较信息基本一致，那就基本可以认为他的自我认识发展比较好，比较客观；如果不一致，差距太大甚至相反，那就表明他的自我认识发展不好，不够客观，缺乏自知之明。

(3)心理测验。心理测验是心理测试的一种工具和手段，是根据一定的法则对人的行为用数字或图线加以确定的方法。心理测验的方法很多，主要包括四个方面：①智力测验；②人格测验；③神经心理测验；④能力测验。有关的心理学著作中对这些都有详细的介绍。大学生可以根据自己的需要选择使用。要注意的问题是一定要选择心理学专家编制的标准化的测验表，最好能在专家指导下使用。

2. 自我调适的方法，常见有以下几种：

(1)自我转化法。有些时候，不良情绪是不易控制的。这时，可以采取迂回的办法，把自己的情感和精力转移到其他活动中去。如学习一种新知识技能，参加有兴趣的活动，利用假日郊游，接受大自然的熏陶等等，使自己没有时间和可能沉浸在不良情绪中，以求得心理平衡，保护自己。

(2)自我适度宣泄法。因挫折造成焦虑和紧张时，消除不良情绪最简单的方法莫过于"宣泄"。切忌把不良心情强压于心底。忧虑隐藏得越久，受到的伤害就越大。较妥善的办法是向朋友、老师、倾诉，一吐为快，甚至也可以在亲友面前痛哭一场，求得安慰、疏导、同情，虽然古语说"男儿有泪不轻弹"，但必要时男儿弹泪也无可厚非。也可以去打球、爬山、参加大运动量的活动，宣泄情绪。但是，宣泄一定要注意场合、身份、气氛，注意适度，应是无破坏性的。

(3)自我慰藉法。自我慰藉法就是自我安慰法，实质是自我辩解。人不可能事事皆顺心、处处是英雄。择业中遇到困难和挫折，已尽了主观努力仍无法改变时，可说服自己适当让步，不必苛求，找一个自己可以接受的理由让自己保持内心的安宁，承认并接受现实，以求得解脱。

(4)松弛练习法。松弛练习法也叫放松练习，是一种通过练习学会在心理上和躯体上放松的方法。放松训练可帮助人们减轻或消除各种不良的身心反应，如焦虑、恐惧、紧张、心理冲突、入睡困难、血压增高、头痛等症状，且见效迅速。大学生择业中如遇类似心理反应，可在有关人员指导下尝试进行放松练习。

(5)理性情绪法。理性情绪法认为，人有理性与非理性两种信念，在这些信念指引下的认识方式会左右人的情绪。人的不良情绪的产生根源来自人的非理性观念，反之亦然。要消除人的不良情绪，就要设法将人的非理性观念转化为理性观念。例如有的学生择业中受到挫折便消沉苦闷、怨天尤人，其原因在于他原本认为"大学生就业应当是顺利的"、"我的择业应该很理想"、"我过去事事顺利,这次也不应例外"等等。正是这些非理性观念作怪,才导致或加剧了他的不良情绪。如果将非理性观念的想法加以纠正,则不良情绪一定能得到克服。大学生在运用理性情绪法时,应首先分析自己有哪些消极情绪,从中分析、综合、抽象、概括出相应的非理性观念,并对其进行挑战、质疑和论辩,同时对比两种观念状态下个人的内心感受,鼓励自己向理性观念方面转化,从而有助于排除不良情绪。

当然,自我调适的方法还有很多,如自我重塑法、环境调节法、广交朋友法、自我暗示法、幽默疗法等。这些都是应变的一些方法,但最主要的还是要树立远大的理想,树立正确的人生观、价值观,注重培养良好的品质,磨炼坚强的意志,开放各种感官接触社会,多方面体验生活,培养乐观豁达的生活态度。只有这样,才能在择业的重要关头,始终保持积极向上的精神状态和健康的心理。

(三)提供必要的社会关怀

对于大学生择业期间心理素质的培养和心理障碍的消除,除了学生本身的自我调适外,社会各个方面也应给予热忱的关注和积极的引导。

首先,社会要努力为大学生提供良好的择业环境,尽可能地提供更多的择业机会,并尽快完善和规范毕业生就业市场,加快人事制度改革的步伐,建立公正、平等的竞争机制。这是对大学生择业心理障碍进行社会调适的最有力的措施。

其次,学校要大力加强就业指导和心理咨询工作。一些学生产生心理障碍或心理疾病,很重要的原因就是对就业政策不了解,盲目择业,造成心理失衡。因此,学校作为就业制度改革的主体,要加强就业政策引导,广泛深入地宣传就业制度改革的方向、步骤和内容,以及当前就业政策、供求形势等,使学生熟悉这些政策和规定,以便使他们能够根据国家的有关规定"对号入座"。学校要积极开设就业指导课,培训就业指导人员,有效地对学生进行就业指导。有关部门,尤其是学生工作部门,要针对择业中学生心态变化较大的实际状况,及时了解情况,掌握大量的第一手资料,有针对性地做好工作,引导学生正确地对待择业。针对择业中学生易产生心理障碍和心理疾病的状况,学校还要加强心理咨询,帮助学生面对现实,排除心理障碍,保持健康心理。

另外,家长和亲友要主动关心大学生择业期间的心理状况,积极配合学校,帮助他们树立正确的择业观,及时缓解心理压力,促使他们以积极、健康的心态度过求职择业的阶段。社会上的一些心理咨询机构也应在大学生择业心理调适中发挥更大的作用。

习题

一、名词解释

职业心理素质

二、思考题

1. 职业心理素质的特征和功能是什么?

2. 大学生如何做好择业心理准备?

第四章 职业能力素质

学习目标

1. 了解各种职业能力的意义、概念；
2. 掌握职业能力的构成；
3. 能适应各种职业环境；
4. 学会提升自己的各种职业能力。

第一节 职业能力素质概述

人是企业这座“大厦”里最重要的构成元素，卓越员工是企业的宝贵财富。他们具有责任感，团队精神，他们积极主动，富有创造力。

作为员工，无论是刚刚进入职场，还是打拼多年，胜任工作的能力——职业能力是其最大的资本。要做一名出色的员工，必须明确岗位的要求，清楚自己所具备的能力并不断提升它。

一、职业能力素质的概念

所谓职业能力素质是一个组织为了实现其战略目标、获得成功，对组织内个体所需具备的品格、能力和知识的综合，是针对组织中员工的基础且重要的要求，它适用于组织中所有的员工。

二、职业能力素质的构成及影响

（一）学习能力

人的核心能力是创新能力，而创新能力来自不断地学习。因此，学习能力是一个卓越员工必备的素质。一个现在有能力的人，无论他是博士、硕士，或是高级工程师，如果不注重学习，也会落后，变成一个"能力平平"的人；而一个暂时能力不是很强的人，只要坚持学习、善于学习，一定会成为能力出众、有作为的人。因此，会学习的人是最有前途的人，也是最有希望成为卓越员工的人。

GE 公司极力推崇"学习文化"，其核心理念是：学习并迅速把学到的东西付诸实践的能力是公司的最大竞争优势。不断学习是杰克·韦尔奇管理哲学的支柱之一，他强调：不要狂妄自大，不要以为你什么都知道，其实你总能从他人那里学到东西，尤其要向你的竞争对手学习。

（二）人际关系运作能力

在工作中建立良好的人际关系，是每个人获得职业成功必须要面对的一个关卡，你必须正视它、重视它。只有创造出良好的人际氛围，你才能开心、舒适、安稳地工作。人际关系运作能力是职场生存的法宝，现在单打独斗的时代已经结束。

许多人有个误区，认为编织人际关系是专业素质不过硬的人才需要的"手段"。其实，即使是以技术为主的企业也同样看重人际交往能力。

曾有人在 2000 多家公司做过这样一个问卷调查："请问公司最近被解雇的员工是出于何种原因离职的？"有 2/3 的公司答复结果是："他们是因为不会与别人相处而被解雇的。"

小托马斯·沃森曾经说过："没有任何事物能够代替良好的人际关系以及这种关系所带来的高昂的士气和干劲。你必须始终坚持全力以赴地塑造这种良好关系。"

（三）应变能力

知变与应变的能力是一个人的素质问题，同时也是现代社会办事能力的一个很重要的考察标准。每当你做事遇阻的时候，告诉自己"总会有别的办法可以办到"，那么你的未来就能战无不胜。

（四）创新能力

卓越员工应具有出色的创新能力。当今社会，创新才是根本。常常推陈出新的员工走到哪里都受欢迎，因为创造力是企业发展的永恒动力。

（五）执行力

执行力就是指一个人是否按质按量、一丝不苟地完成应该完成的工作。执行力的好坏关系到一个企业的效率和业绩的好坏。

第二节 学习能力

一、学习能力的概念及意义

（一）学习能力的概念

所谓学习能力是指人们更新知识、不断进步的能力和适应社会、工作、环境的能力。这如同那只能够点石成金的手指，而相应的知识如同金子，有再多的金子也不如拥有那只手指，因为那意味着永不贬值的"黄金"。

学习能力意味着我们应该明白从什么途径获得知识，知道什么时间去进行"充电"，以及怎样最有效地、最快地掌握知识。更关键的是，怎样在实践中理解、运用、拓展知识，并有效地解决实际问题。

（二）学习的意义

1. 学习能成就美好的人生。经常听、时常想、时时学习，这才是认真的生活方式。对任何事既不抱希望，也不肯学习的人，从来不可能成功。

在汉代的时候，北方匈奴很强大，不断在边境掳掠滋事，汉朝只好以和亲政策来换取安宁。汉武帝时，匈奴的边患更加严重，汉武帝决心教训匈奴人，但不敌对方。汉武帝看到自己的不足和弱点，决定向敌人学习，派张骞出使西域，寻找匈奴炼成精钢刀的配方；任用匈奴人做队伍训练的教练，熟悉匈奴人的战法，还不断学习其骑兵战术。结果，在他当政时期，汉军长久取得了对匈奴人的遏制权。

这个历史故事告诉人们一个道理，要有所成就，就必须学习，并把学习贯穿于自己的一生。汉武帝之所以在其一生中功绩卓著，就是因为他用一生来不断地学习和总结经验与教训。

2. 人生需要不断学习。美国人认为:年轻时,究竟懂得多少并不重要,只要懂得学习,就能获得足够的知识。于是,企业与公司里的上班族已成为学习市场上增长最快的人群。1992 年,全美企业员工中仅接受企业正式拨款学习的人数就比上年增加了 400 万,平均每人每年可以享有 31.5 小时学习课程,因此全美企业员工的总学习时间增加了 1.26 亿小时,相当于 25 万名全日制大学生的学习时间。换句话说,大约要建几十所和哈佛大学规模相当的新大学,才能满足企业员工的学习需要。

目前,美国已有 26 家知名企业成立了自己的大学。学习的效益也日趋明显。在摩托罗拉,每花 1 美元投资在学习上,就可以连续 3 年提高 30 美元的生产力。

3. 提升自己的环境适应力。现代企业在市场竞争中会遇到很多不可预测的障碍和阻力,因此,企业希望员工不仅能够从容地适应环境,应对环境变迁带来的心理冲击,而且还必须能够在这种不断变化的环境中保持旺盛的精力,高效率地完成工作。

大多数企业的人事经理认为,员工的环境适应能力是非常重要的。一位 IT 企业的总裁说:"如果员工无法适应急剧变化的环境,他怎么能适应得了公司的节奏。众所周知,IT 企业的工作节奏是非常快的,如果你适应不了,就会被淘汰。"

所谓"适者生存",说的就是适应环境的重要性。如果你想坦然地面对急剧变化的环境,就需要与现实环境保持良好的接触,以客观的态度面对现实,冷静地判断事实,理性地处理问题,随时调整,保持良好的适应状态。

美国职业专家指出,现在职业半衰期越来越短,所有高薪者若不学习,不需 5 年时间就会变成低薪者。就业竞争加剧是知识更新加速的重要外因。

据统计,25 周岁以下的从业人员,职业更新周期人均是一年四个月。比如,当 10 个人中只有 1 个人拥有电脑初级证书时,他的优势是明显的;而当 10 个人中已经有 9 个人拥有同一种证书时,那么原有的优势便随之不复。

学历只代表过去,只有学习可以代表未来,一个优秀的榜样型员工,必定是一个善于学习的员工,只有不断学习的员工才能具备良好的环境适应能力。

4. 不学习,意味着被淘汰。刚进企业的员工就好比是野生的花草刚进花圃,求知学习好比是修剪移栽,修剪是一个长期的、不间断的过程,花草如果长时间不修剪,就会变得杂枝横生,一个榜样员工如果长时间不学习,大脑就会迟钝、原有的知识就会落伍,原本作为榜样的优势就会荡然无存!

微软在录用员工的时候往往注重的是员工的综合能力而不仅仅是一纸文凭。新员工刚入公司,首先被告知的就是:在微软,文凭唯一能代表的就是你前三个月的基本工资。

我们都知道,要想使自己能够活得更好、使自己成为万众瞩目的成功人士,就需要不断努力地学习,通过积累知识来加强自我各方面的能力。社会在不断进步,知识在不断更新,我们更需要不断地学习新知识,这是增强自身的竞争能力、获取广阔的发展空间和更多的发展机遇的法宝。如果,你止步不前,不懂得去学习新的知识、随着动态社会的发展调整自我的知识结构,就会被时代所抛弃,被他人抛在身后。所以,在当今社会,学习决定了一个人的前途和命运,这充分地显示出了学习的重要性。

5. 培养实力要靠学习。有一个卖气球的老人,拿着把五颜六色的气球,每当生意不好的时候,他就放出一只艳丽的气球。于是招来了一大批购买者。老人在一阵忙碌之后,又放出一只黑色的气球。忽然一个小男孩好奇地问:“老爷爷,怎么黑色气球也能飞上天呀?”老人慈爱地摸着小男孩的头说:“孩子,气球飞上天,跟颜色没有关系,要紧的是它肚子里有一口气呀!”气球要飞,必须要有口气;人要做事,肚子里也不能空空如也。

这是个充满竞争的世界,有人的地方就有竞争。你要问:竞争靠什么?十个人有九个会告诉你:“靠实力。”但实力不是凭空而来的,它就像是一棵树、一盆花,需要你不断地给它浇水、施肥,不断地为它补充成长所需要的养分。这个过程,对于我们而言,就是学习。

古往今来,成功的人无不重视学习,也大都勤于学习、善于学习。

晋平公是春秋末期晋国的君主。他晚年的时候想学一些知识,可是总觉得自己已经老了。有一天,他向乐师师旷求教说:“我现在已经 70 多岁了,很想学些知识,恐怕太晚了吧?”师旷回答:“晚了,为什么不点蜡烛呢?”晋平公没有听懂他的话,生气地说:“哪有为臣的这样戏弄君王的!”师旷说:“我怎么敢跟您开玩笑!我记得古人说过,少年时爱学习,就像日出的光芒;壮年时爱学习,就像太阳升到天空时那样明亮;到老年还能爱学习,就像点燃蜡烛发出的亮点。蜡烛的亮光虽然微弱,但同没有烛光在昏暗中行动相比较,哪一个更好一些呢?”晋平公点了点头说:“你说得真好!我已经明白了。”

李嘉诚在香港十大财团的排行中位居榜首,是一位名扬四海的富豪,在香港经济界占有举足轻重的地位。有一位外商曾经问他:“李先生,您成功靠什么呢?”李嘉诚答道:“靠学习,不断地学习!”

我们没有晋平公老,也没有李嘉诚的实力强,他们都如此热爱学习,我们为什么不趁年轻赶快抓紧时间学习呢?

许多人以为,学习只是青少年的事情,只有学校才是学习的场所,自己已经是成年人,并且早已走向社会了,因而再没有必要进行学习,除非为了取得文凭。这种看法乍一看,似乎很有道理,但其实是不对的。

在学校里要学习,难道走出校门就不必再学了吗?学校里学的那些东西,就已经够用了吗？希腊作家索伦说："活到老，学到老。"其实，学校里学的东西是十分有限的。工作中、生活中需要的相当多的知识和技能，课本上都没有，老师也没有教给我们，这些东西完全要靠我们在实践中边摸索边学。

可以说，如果我们不继续学习，我们就无法取得生活和工作需要的知识，无法使自己适应急速变化的时代，我们不仅不能搞好本职工作，反而有被时代淘汰的危险。有些人走出学校投身社会后，就不再重视学习，似乎头脑里面装下的东西已经够多了。孰不知，学校里学到的只是一些基础知识，数量也十分有限，离实际需要还差得很远。

特别是在科学技术飞速发展的今天，我们只有以更大的热情，如饥似渴地学习、学习、再学习，才能使自己丰富起来。学习能不断地提高自己的整体素质，以便我们更好地投身到工作和事业中。据美国国家研究委员会调查，半数的劳工技能在1～5年内就会变得一无所用，而以前这段技能的淘汰期是7～14年。特别是在工程界，毕业10年后所学还能派上用场的不足1/4。因此，学习已变成随时随地的必要选择。

二、提升学习能力的方法

（一）借鉴别人的经验

一位年轻编辑应聘到一家文化公司后，只用三天时间就当上了编辑部主任。你知道他用的是什么方法吗？

这个年轻人很聪明。上班第一天，他虚心地向各位同事请教，提的问题都很肤浅。同事们见他态度好，虽然对他心存轻视，但并不讨厌。

上班第二天，这个年轻人继续找机会跟每一位同事聊天，对工作发表一些并不高明的见解。一般来说，大部分老员工都能发现公司存在的一些问题，对如何解决这些问题也有一些自己的想法。只不过，如果老板不来向他们请教的话，他们是不会主动向老板提建议的。当年轻人在孔夫子门前卖三字经，在鲁班门前耍斧头时，老员工当然觉得他的想法太幼稚，忍不住纠正他，并发表自己的见解。这正好达到了年轻人抛砖引玉的目的。

当天晚上，年轻人将老员工们的各种观点整合在一起，设计了一套详尽的工作方案。第三天，他将这套方案交给老板，并坦率地谈了一些自己的想法。老板大惊：此人才来三天，就对公司的情况了如指掌，而且能设计出这么出色的方案，真是奇才！他当即决定，任命年轻人为编辑部主任。

这个年轻人，显然是一个善于把他人经验变成自己能力的人。这种人，刚开始时也许只是干着一些普通工作，没有人注意他们，更没有人会认为他们是自己的竞争对手。可是，当他们将身边人的经验变成自己的经验之后，大家才猛然发现,原来他才是真正的高手。

(二)及时"充电"

一班大学同学毕业后,各自走上了工作岗位。十年后,他们相约到母校聚会。他们的教授对他们十年来取得的成就很不满意。以前他认为其中几个弟子具有杰出才干,想不到十年过去了,他们却表现平平。

教授问弟子们:"你们毕业后,平均每月看过一本书的请举手。"弟子们都露出惭愧之色,没有一个人举手。教授说:"一个月看一本书,对任何人来说都不困难,为什么你们一个人也做不到呢?难道你们认为在学校学习的那点知识已经够用了吗?难道你们工作中没有遇到任何问题,不需要学习新知识来解决吗?"

教授的话,值得我们深思。当我们走上工作岗位后,能坚持平均每月看一本书的人有多少呢?难道是因为不需要或没有时间吗?当然不是。我们处在一个知识爆炸的时代,新生事物层出不穷,无论我们毕业于名牌大学还是普通大学,无论我们拿到的是博士文凭还是中学文凭,都需要不断更新自己大脑中的知识库,以便尽可能跟紧时代的步伐。我们放弃学习的原因,无非是因为惰性。

美国著名政治家艾尔因为家贫,小学未毕业就辍学了。依靠勤奋努力,他 30 岁当选为纽约州议员。这时他的知识依然贫乏,甚至看不懂那些需要他表决的法案。但他没有气馁,每天坚持读书,如饥似渴地学习那些他需要掌握的知识,有时一天要读书 16 小时,而且他将读书的习惯坚持了一辈子。在他当选为纽约州州长的时候,他已经成了一个学识渊博的人。他曾四度出任纽约州州长,创下一个空前绝后的纪录,而且先后有六所大学授予他名誉学位。

优秀人物从不认为自己学问已经够用,相反,他们几乎一致认为自己所知甚少,需要不断学习以求有所增进。更可贵的是,他们不是把知识装在脑袋里以炫耀自己的才能,而是将所学随时应用于实践,并在实践中改进提升,形成自己的独特思想。所以,他们的事业也始终处于上升状态。作为员工,我们随时会在工作中遇到棘手的问题,我们随时需要补充新知识来解决难题。假如我们的目标不只是停留在现在位置,想升到更高的阶层,那就需要获得更多的相关知识,以便将来力能胜任。所以,学习是我们向上进取所必需的一种手段。我们只有随时给自己充电,才有能力应对现在与未来的竞争。

(三)向成功的人学习

有些人把读书看成学习的唯一途径。实际上,学习的形式多种多样,向身边的成功人士学习，也许能比你从书本上得到的东西更多。

有一个故事：曾子是孔子的弟子，道德修养很高，收了很多学生，公明宣就是其中一位。曾子发现，公明宣在他门下三年，从没见他读过书，心里既不满又觉得奇怪。有一天，他把公明宣叫来问："你在我门下三年不学习，为什么？"

公明宣恭敬地说："我哪敢不学习呢？我看见老师在家里，只要有长辈在，连牛马也没有训斥过，我很想学习您对待长辈的态度，可惜还没有学好。我看见老师接待宾客，始终谨慎谦虚，从来没有松懈过，我很想学习您对待朋友的态度，可惜还没有学好。我看见老师在朝廷办公事，对下属的要求很严格，但从不伤害他们的自尊心，我很想学习您对待下属的态度，可惜还没有学好。"

曾子马上站起来，向公明宣道歉说："我不如你。我只会读书罢了！"向身边的成功人士学习，能直观地看到他做人做事的态度和方法，而且他的态度和方法与你所处的环境更贴切，这是从书本上学不到的。

作为员工，你身边的成功人士之一，就是你的老板。你向老板学习，把他的处世经验和办事技能学到手，胜读三年书。

每一个优秀老板都是某个方面的专家，或者是技术专家，或者是管理专家，或者是公关专家。即使不那么优秀的老板，他们也必有过人之处。有的老板胆识过人，敢于冒险；有的老板精明过人，从不会吃亏；有的老板眼力过人，能从一件小事看到后面的许多变化。总之，每一个老板都有你身上不具备而且需要的东西，向老板学习，无疑是快速提升自己的一个比较好的途径。

向老板学习，还有一个好处：你认同他的长处，学习他的长处，这种谦逊的态度肯定是他欣赏的。每个人都有好为人师的习惯，你的老板也不例外。你既以他为师，他当然会以老师的心态培养你，将自己的心得告诉你，并给你锻炼提高的机会。那么，你不是拥有了比别人更多的成长机会吗？

（四）边干边学

华人首富李嘉诚白手起家，创造出一幕幕商界神话。他的高超本领从何而来？最初，李嘉诚在茶楼里当伙计，留心学习敏锐地观察他人的习惯、需要、心理的本领，同时留心从茶客的谈话中学到做生意的诀窍。李嘉诚从中学会了察言观色，学会了如何做生意，这为他以后的发展打下了基础。

后来，他到舅父庄静庵的钟表公司里干活，仅半年时间就掌握了各种型号的钟表装配及修理技术。后来，李嘉诚毅然放弃了钟表公司很有前途的工作，到一个无名的小五金厂做推销员。推销工作也成了李嘉诚的学习良机。

一次，李嘉诚向一家酒楼推销铁桶，遭到老板毫不客气地拒绝。但他走后又重新回到酒楼，见到老板抢先说："我这一次不是来推销铁桶，我只是想请教，在我进贵店推销时，我的动作、言辞、态度等行为有什么不妥当的地方，请您指点迷津。我是个新手，您比我有更丰富的经验，在商界您已经是个成功的人士了，我恳求您的指点，以作为晚辈改进的借鉴。"李嘉诚虚心而坦诚的求教精神感动了老板，老板向他提出了宝贵的忠言和改进建议，使他增长了本领。

后来，李嘉诚又到塑胶公司工作，在拼命使企业效益增长的同时，熟悉了塑胶产业从生产到销售的全过程，学到了全套的管理本领，为他日后自创事业打下了基础。

第三节　人际关系运作能力

世界著名人际关系专家戴尔·卡耐基认为，一个人的成功，只有15%是由于他的专业技术，而85%则要靠人际关系和他的处事能力。本杰明·富兰克林认为，成功的第一要素是懂得如何搞好人际关系。一个人在社会上，要想达到无往不胜，首先要懂得处理好人际关系。

一、人际关系运作能力的概念及意义

（一）人际关系运作能力的概念

所谓人际关系是指在人们的物质交往与精神交往中发生、发展和建立起来的人与人间的直接的心理关系。人际关系是社会关系的一个侧面，其外延很广，包括朋友关系、夫妻关系、亲子关系、同学关系、师生关系、同志关系等等。和谐构建并合理运用人际关系的能力称为人际关系运作能力。

（二）提升人际关系运作能力的意义

1. 人际关系运作能力是职场生存的关键。人际关系运作能力也称为交际能力，它对于一个人的职场开拓至关重要。美国的心理学家在贝尔实验室所做的研究表明了交际能力的重要性。该实验室的成员均为高智商的科学家和工程师，然而有的仍然灿若明星，而有的却已失去了光彩。为何有此差别？原来明星们具有很强的交际能力。

萨曼莎是一家投资银行电脑部门的技术主管。一天早上，她开完会刚走进办公室就接到了部门经理威廉的电话，见面后威廉开门见山地说："公司决定解雇大卫。"这让萨曼莎大吃一惊。大卫是她手下一名高级软件工程师，几个月前才从华尔街另一家投资银行的电脑部门被挖过来，他能干、努力、忠

诚,是她的得力助手。她希望为大卫争取留下来的机会:“为什么?他能力强又很敬业。”

“可是他和公司基础技术设施组的成员之间的人际交往很差,惹下了很多麻烦,使得他们极为反感,这件事你不知道吗?”

尽管大卫勤奋能干,但是他在工作场合中不注重与人相处的艺术,被公司高层认定为无法合作的员工。萨曼莎无力回天,大卫被解雇成为定局。

现代社会,不注意人际交往,注定失败。

2. 人际交往能力是晋升的资本。人际交往能力是一个人能取得成功、能在职场如鱼得水的最大资本之一。没有好的人缘关系,要在职场取得成功确实很难。一个人能否在职场上获得同事的支持和帮助,赢得升迁的机会,很多时候取决于他有没有一个好的人缘关系。

李军与任明同时进入某机关,两个人同样有较强的工作能力,无论上司交给他俩什么任务,他俩都能非常漂亮地完成,为此,两人经常受到上司的表扬。但是,在同事眼里,他们俩却有不同的地方:人家都喜欢李军,有什么事总爱找他帮忙,因为他待人谦逊,与大家非常合得来;而任明则不同,虽然他也能办许多事,但大家都有意无意地疏远他,有什么事也不会找他帮忙,因为他个性高傲,喜欢独处,不愿与同事交往。

后来,要在他们俩人之中选一名宣传部长。领导有明确的指示,一定要坚持群众选举,任何领导不得从中做主。面对这样一个好机会,任明从心底认为自己应该能升职,因为他不但喜欢这份工作,而且文笔也不错,经常在报刊上发些文章,绝对不会辜负上司的厚望。但是,听说这次不是上司任命,而是由群众直接选举,他就有些担心了。

结果,李军几乎以全票得到了这个职位。其实要是任明去了,工作照样能做好,甚至可能会更好。一个本来平等的机会,却由于二者人缘关系不同而导致巨大的差别,这个教训值得每一个人仔细思索。

美国著名银行总裁在雇用任何一个高级职员时,第一步要探听的便是这个人是否有为人称道的人缘。他们认为,有好的人缘才能干好工作,没有人缘的人会在工作中处处碰壁。

只有好的人缘才能结出好的果子,群众的眼睛是雪亮的,只要你获得了大家的好感,得到大家的信任与帮助,就等于为自己的成功之路奠定了基石。

3. 好学问“不如”好人缘。美国哈佛大学教授团曾于1924年在芝加哥某厂做“如何提高生产率”的实验,他们发现,人际关系是提高生产率的关键所在,“人际关系”一词由此而生。后来,人们进一步发现,事业成功、家庭幸福、生活快乐都与人际关系密切相关。影响人生成功的因素中,专业技能仅占15%,人际沟通能力要占85%。因此,我们说好学问“不如”好人缘,绝非夸大其词。

正因为如此,有好人缘者在社会上越来越受重视。许多公司在招聘高级管理者时,要考查他的人际关系,没有好的人缘,能力再强,也不能录用。如在人际关系上有超群的能力,有非常好的人缘,其他条件都可放宽。

莫洛是美国摩根银行的股东兼总经理,年薪高达一百万美元。其实他以前是一个法院的书记,后来做了一家公司的经理,但他实在是人际关系的天才,人缘极佳。他之所以能被摩根银行的董事们相中,一跃而成为全国商业巨子,登上摩根银行总经理的宝座。据说是因为摩根银行的董事们看中了他在企业界的盛名和极佳的人缘。好人缘给莫洛带来的是地位和事业的成功,给公司带来的是良好的经营业绩。

好人缘为何如此重要呢,其实不难理解:一个人缘不好的人,大小事情只能靠自己去做,个人能力再强,能做多少事?人们生活、办事无时无刻不与他人交往,没有良好的人际关系,便不能获得别人的帮助与支持,甚至会处处遇到阻挠,让他有力无处使。反之,一个善于交往、人缘很好的人,就算他能力平平,但他能处处获得别人的帮助,所以,往往是这样的人,办起事来如顺风行船,很容易达到目标。

二、提升人际关系运作能力的方法

(一)尊重别人

俗话说得好:尊重别人就是尊重自己。意思是说,只要你主动去尊重别人,就会获得别人的尊重。

吴先生自以为是老板的红人,就觉得比同事高人一等,不但对同事爱答不理,说话的口气也是颐指气使,似乎想从同事身上体会一下当老板的感觉,所以同事都很讨厌他。

一天,公司传达室的一位相貌平平的女工上楼来送报纸,报纸在办公桌上没有放稳,滑落到地板上了。还没等女工弯腰捡,吴先生就严厉地命令道:"快把报纸捡起来!"他没想到女工不甘示弱,回击道:"请你态度放尊重点!"吴先生冷笑道:"一个送报纸的,还要尊重?"女工气得一时说不出话来,摔门而去。吴先生不知道,送报纸的女工恰好是老板的表妹。

吴先生最近发现老板对待他也不像以前那样热情了,正想跟人力资源部主管打探一下情况,忽然一纸调令到了他手上。他拿着调令找到老板,坦率地说:"我想知道我做错了什么。"老总说:"从你这一段的工作来看,你还不成熟,还需要在基层部门锻炼。工作无止境,不要以为自己已经做得很好了。相信你回去以后,能够改进自己,做得越来越好。那时,会有重要的岗位等待你的。”

老总这样说，吴先生就不好再问，只好垂头走了。

这就是职场上不尊重同事的下场。其实，作为职场中人，同事之间互相尊重（哪怕对方是公司最不起眼的员工），创造融洽的工作气氛，自然有利于工作。反之，彼此之间就容易形成隔阂，不但得不到对方的支持和帮助，还会降低团队的战斗力。所以，不尊重同事的员工，在公司里往往是“孤家寡人”，没有人愿意跟他交往，而一个失去人脉基础的人，上司是不会让他担当重任的。

（二）善于微笑

微笑是一种令人愉悦的表情，是一种含义深远的体态语言，在人际交往中有很重要的作用。微笑可以大大地缩短人与人之间的心理距离，迅速增进亲近感。一个热情的微笑，会像一缕阳光，给人以温暖，使人感到轻松愉快。

真诚的微笑，其效用如同神奇的按钮，能立即接通他人友善的感情，因为它在告诉对方：“我喜欢你，我愿意做你的朋友。”同时也在说：“我认为你也会喜欢我的。”

艾米莉是某化妆品公司的直销员，她入户推销的成功率高得不可思议。她的制胜法宝其实很简单，在她每次敲用户的门之前都拿出镜子，面对镜子微笑，当微笑遍布整个脸庞，渗透到每个毛孔时，才去敲门，无论遇到什么样的主人，都不忍心拒绝一张灿烂的笑脸。

钢铁大王安德鲁·卡耐基的高级助理查尔斯·史考伯说过，他的微笑值100万美金。这可能有些夸张，但确实史考伯的性格，他的魅力，他那种富有吸引力的才能，都是他成功的原因。而他那动人的微笑确实让人有好感。微笑常常比语言更有力。

一个纽约大百货公司的人事经理说，他宁愿雇佣一名有可爱笑容而没有念完中学的女孩，也不愿意雇佣一个板着冷冰冰面孔的哲学博士。微笑是一种令人愉悦的表情。

要想成为优秀员工，请记住艾勃·哈巴德这段贤明忠告：“每当你出门的时候，把下巴缩进来，头抬得高高的，肺部充满空气沐浴在阳光中；微笑着招呼你的朋友们，每一次握手都使出力量。不要担心被误解，不要浪费一分钟去想你的敌人。”

（三）赞美他人

赞美的话不要钱，但值钱。法国作家安德列·莫洛亚说：“美好的语言胜过礼物。”真诚的赞美过去、现在和将来都是获得友情的有效方法。

每一个地方都有可赞美之人，每一个人都有可赞美之处，只要你乐意运用这种方法，你的“高帽子”可以灵活地戴到任何人头上。那么，你的人际关系将畅通无阻。

职场上要想获得好人缘，要适当地赞美别人。

看看下面这个办公室的小场景：

小李剪了一个新发型，她把一头蓄了几年的披肩长发剪成了齐耳短发，同事们都齐声称赞她的短发清爽简洁，小李在这一片赞美声之中，对理发师的怨气一股脑儿全消了。“当时我剪完头发，觉得一点都不像我理想中的模样，气得我当时就想跟他吵一场。这不愉快的心情带到了工作中，平时对客户很有礼貌的我，今天不知怎么就看那个客户不顺眼！差点跟他发火，今天听了这些话，不知不觉气就消了，心里也觉得顺畅了，看客户也觉得顺眼了，真希望你们天天说让我开心的话！”

肯定同事，即使与工作无关，也能够成为你与他建立友谊桥梁的机会。发挥你心思细腻的特点，观察他最得意的方面，如穿衣品位、爱好兴趣、工作态度、办事效率甚至他那让人羡慕的健康等，哪怕是不经意的一句话，都能表明你对他的关心。

一位著名企业家说过：“促使人们自身能力发展到极限的最好办法，就是赞赏和鼓励……我喜欢真诚、慷慨地赞美别人。”如果我们真心诚意地想搞好与同事们的关系，就不要光想着自己的成就、功劳，而是需要去发现别人的优点、长处、成绩。不是虚情假意的逢迎，而是真诚、慷慨地去赞美。

赞扬就像是照在人们心灵上的阳光，没有阳光，我们就无法发育和成长。它不仅仅是一种悦耳的声音，更是一种力量，一种可以提升我们生活质量的强大力量。所以在公司里，你要学会用称赞别人的优点来代替挑剔别人的过失，这样于己于人都有重要意义。

学会赞美，可以赢得良好的人际关系，在职场上如鱼得水。

（四）永远别说“你错了”

如果你要建立良好的人际关系，应当牢记的一句话就是：“尊重别人的意见，永远别说你错了。”

不论我们用什么方式说“你错了”，不论是一句话，一个眼神，一种说话的声调，一个手势，只要让对方听出或看出“你错了”的意思，对方就可能受到伤害！因为你直接打击了他的智慧、判断力和自尊心，只会使他想反击，但绝不会使他改变心意。即使你搬出孔子或柏拉图理论，也改变不了他的想法，因为你伤了他的感情。

永远不要这样做:你的确错了,不信我证明给你看。这等于是说:“我比你更聪明。我要告诉你一些事,使你改变看法。”

假如对方真的错了,你必须让他承认并纠正错误,也应该回避“你错了”或类似的词语。你有必要运用一些技巧,使对方察觉不到“你错了”这三个字。正如一位哲人所说:“必须用若无实有的方式教导别人,提醒他不知道的好像是他忘记的。”

伟大的心理学家席莱说:“我们极希望获得别人的赞扬,同样的,我们也极为害怕别人的指责。”既然如此,在我们觉得需要说“你错了”时,要用最大的耐心和最大的智慧,将“你错了”三个字重新咽回自己的肚子里。

(五)宽容别人

海纳百川,有容乃大。

宽容不仅是做人的美德,也是一种明智的处世原则,是人与人交往的“润滑剂”。常有一些所谓厄运,只是因为对他人一时的狭隘和刻薄,而在自己的前进路上自设的绊脚石罢了;而一些所谓的幸运,也是因为无意中对他人一时的恩惠和帮助,而拓宽了自己的道路。

宽容犹如冬日正午的阳光,去把别人心田的冰雪融化成潺潺细流。一个不懂得宽容别人的人,会显得愚蠢;一个不懂得对自己宽容的人,会为把生命的弦绷得太紧而伤痕累累,抑或断裂。

每个人的性格不同,同事之间相处久了,难免磕磕碰碰,对一些鸡毛蒜皮的小事,不要计较。对于那些曾经伤害过你的同事,只要风波已过,不要总是耿耿于怀,不是说金无足赤、人无完人嘛。得饶人处且饶人是最明智的抉择。而且要时常扪心自问,自己有没有过错呢?多一点反省,予人快乐,予己方便。如果以这样的心态去处理同事关系,每天在办公室的时光会很快乐的。

宽容是甘露,它能化干戈为玉帛,如果同事之间多一些宽容和理解,同事关系也就会越来越好了。

(六)善于幽默

幽默是一种才华,是一种力量,或者说人类面对困境创造出来的一种文明;幽默感是一种能力,一种勇敢并表达幽默的能力;幽默力量是一种艺术,一种运用幽默和幽默感来增进人际关系,促进人性健全的艺术;另外,幽默还是一种知识、一种诱惑、一种人格魅力、一种优秀员工的素质。

在人生的各种际遇中,幽默是人际关系的润滑剂,它是用善意的微笑代替抱怨,避免纷争,使你和别人的关系变得更和谐。这正如心理学家凯瑟琳所说:“如果你能使一个人对你有好感,那么也就可能使你周围的每个人甚至是全世界的人,都对你有好感。只要你不只是到处与人握手,而是以你的友善、机智和幽默去传播你的信息,那么时空距离便会消失。”

幽默可以帮助你减轻人生的各种压力,摆脱人生旅途上的不幸遭遇;幽默能够帮助你战胜烦恼,振奋精神,在沮丧中转败为胜;幽默能帮助你把许多的不可能变成可能,把昨日的梦想建成今日的现实。

(七)做事要给别人留余地

遇事留三分余地,于情不偏激,于理不过头,在追求成功的路上就会进退自如。

把话说得太满,就像把杯子倒满了水一样,再也滴不进一滴水,否则就会溢出来。也像把气球打满了气,再充就要爆炸了。

在职场上,你一定要学会给别人多留余地。与人交往时,不要口出恶言,更不要说出“势不两立”之类的话。职场环境瞬息万变,说不定你哪天就需要别人的帮助。无论在什么情况下,不要把别人推向绝路,这样一来,事情的结果对彼此都有好处。

有一位朋友与同事之间有了点摩擦,很不愉快,便对同事说:“从今天起,我们断绝所有关系,彼此毫无瓜葛……”这话说完还不到两个月,这位同事成了他的上司,关系突然变得很尴尬,朋友只好辞职,另谋他就。

(八)善于和讨厌的人打交道

正如老话所讲:“人上百千,形形色色”。世界上什么人都有。不善于与人相处的人,到了哪里,都会认为别人难以相处。善于与人相处的人,见到任何人,都会相处融洽。

那么,该如何和自己讨厌的人打交道呢?

第一是“忍让”,宁可自己受些委屈或吃点亏,也不要为小事而与对方争个脸红脖子粗,甚至头破血流。第二是主动接近对方。你可以先伸出友好之手,你可以主动和对方打招呼。对方原来可能怀有的对你的戒备心或敌意就可能化解。你很客气地提出的一些问题,他们就可能会加以注意和改进。第三是把你想像成对方。站在对方的角度考虑问题,你就可能体会他们的想法,从而修正自己的一些不正确的做法。这有助于双方关系的改善。第四是接受他人的独特个性。人人都有其特点,不要试图改变这个事实。接受他的本来面目,他也会尊重你的本来面目。不要强迫别人接受你的观念。第五是去想对方做对的事。对方也有好的一面,试着去发现这一点。第六是以自己的言行去感化对方,影响对方。

第四节 应变能力

梁启超说:“变则通,通则久。”知变与应变的能力是一个人的素质问题,同时也是现代社会办事能力高低的一个很重要的标准。每当你做事遇阻的时候,告诉自己“总会有别的办法可以办到”。那么你的未来就会战无不胜。

一、应变能力的概念与意义

(一)应变能力的概念

所谓应变能力是指人在外界事物发生改变时,所做出的反应,可能是本能的,也可能是经过大量思考过程后,所做出的决策。

(二)应变能力的意义

1. 变则通,通则久。在很多时候,我们要学会放弃固执,变通行事。一个机智的人可以灵活运用一切他所知的事物,还可以巧妙地运用他并不了解的事物,能在恰当的时间内把应做的事情处理好,这不仅是机智的体现,更是人性艺术的表现。

有两个和尚要从一座庙走到另一座庙。他们走了一段路之后,遇到了一条河,由于一阵暴雨,河上的桥被冲走了。这时,一位漂亮的妇人正好走到河边,她说有急事必须过河,但她怕被河水冲走。第一个和尚立刻背起妇人,涉水过河,把她安全送到对岸,第二个和尚接着顺利渡河。

两个和尚默不作声地走了好几里路。第二个和尚突然对第一个和尚说:“我们和尚是绝对不能近女色的,刚才你为何犯戒背那妇人过河呢?”和尚淡淡地回答:“普度众生,不分男女老少。”

人的思维是活跃的,不是一成不变的。适时的变通是一种明智的做法,放弃毫无意义的固执,才能更好地办成事情。

2. 变通是成功路上的一条捷径。诺贝尔奖得主莱纳斯·皮林说过:“一个好的研究者知道应该发挥哪些构想,而哪些构想应该丢弃,否则,会浪费很多时间在差劲的构想上。”在很多时候,最明智的做法是变通,及时地抽身而退,去开辟其他研究项目,寻找新的成功契机。

牛顿早年就是永动机的追随者。在大量的实验失败之后,他很失望,但他很明智地退出了对永动机的研究,在力学研究中投入更大的精力。最终,很多永动机的研究者默默而终,而牛顿却跳出了这无谓的研究,而在其他方面脱颖而出。

许多成功人士一生不败,关键就在于用活了为人处事的变通之道,进退之时,俯仰之间,都超人一等,让左右暗自佩服,以之为师。

变通就是以变化自己为途径通向成功,你改变不了过去,但你可以改变现在;你想要改变环境,就必须先改变自己。人生在世,无论我们遇到什么困难都应该学会变通,因为,客观情况在不断变化,我们必须随着客观情况的变化而变化。正如诸葛亮所说:"因天之时,就地之势,依人利而所向无敌。"只有这样,我们才可以克服困难走向成功。对于善于变通的人而言,这个世界上不存在困难,只存在着暂时还没想到的方法,然而方法终究是会想出来的,所以,善于变通的人只有一个归宿,那就是成功。

二、提升应变能力的方法

(一)随机应变

随机应变是一项综合素质,一旦对它使用自如,就能在各个领域驾驭复杂局面,使自己处于主动地位,立于不败之地。

俗话说,机不可失,时不再来。因此,抓住各种有利时机,充分利用好各种机遇,是随机应变法则的重要内容。

世界最大的成衣制造企业美国李维公司的创始人李维 · 施特劳斯,原籍德国。1850 年,美国掀起淘金热,人们纷纷背井离乡,到美国西部冒险,李维被不断传来的发现大金矿的消息搅得心神不定,无心工作。他决定也去碰碰运气。可当他长途跋涉来到旧金山时,却发现来得太迟了,有金可挖的地方已被人们占得差不多了。李维想,地下的黄金没有他的份儿,能不能在地上打点主意。他改变初衷,在旧金山开了一家商店,专门销售日用品,包括帐篷和用作马车篷的帆布。然而,生意冷清,很不景气。一天,有个淘金者来商店买裤子,对李维说:"我看用你的帆布做短裤挺好,现在矿工们穿的短裤都是棉布做的,几天就被金砂磨破了。如果用帆布来做,既结实又耐磨,大家一定欢迎。"淘金者的几句话,启发了李维,他用帆布加工一批裤子放在自己的商店里卖,果然大受淘金者的青睐,纷纷前来抢购,使原来冷清的店面一下子热闹起来。不久,李维在旧金山开了一家服装厂,专门生产受矿工欢迎的帆布工作服。后来,李维接受一个名叫雅克 · 诺伯的人的建议,在裤子的腰部和臀部的口袋上装上铜钉、铁扣,使裤子更为别致,受到了其他年轻人的欢迎。此后,李维又不断改进样式、工艺和用料,从而形成了牛仔裤独有的风格,在全美国流行起来,并蔓延到欧洲、亚洲、非洲和南美洲。如今,该公司已传至第四代,在世界十多个国家设有工厂,年营业额达 6 亿多美元。

（二）顺乎其变

顺其自然看似消极应变，其实，利用得好也是一种十分积极的急变术。

民间有句谚语："车到山前终有路，船到桥头自然直。"也就是说，车开到大山前面总会找到通行的道路，船行进到桥梁下面自然会缓慢直行。人遇到艰难险阻或意想不到的新问题，总是会想出解决应付的办法，找到继续前进的途径。因此，遇事首先需要保持冷静、自信，相信自己有办法、有能力处理好。这就是赢术中的顺其自然应急应变法则。

顺其自然首先体现了从容镇定的风度。相传，唐朝著名诗人王维在一次出游的途中，信步走去，来到一条大江边。此时，虽然大江阻拦了他的去路，但他既没有急忙去寻觅渡江的码头，也没有匆匆往回返，而是悠闲从容地坐在江边的草地上，心情平静地欣赏着天上的云起云落、云聚云散，品味着这些云彩在时快时慢中变幻不定的图案。就在这种极其宁静的心境中，王维吟出了富含禅意的千古名句："行到水穷处，坐看云起时"。

顺其自然还体现了计谋高超的韬略。当事件发生后，急躁、简单地应变，一般都难以收到好的效果。只有从容应付，才能寻找到解决问题的最佳方案，妥善处理好出现的问题。

（三）以变应变

商场上有句名言"经营就是以变应变"，社会形态不断变化，做生意就必须以万变应万变。梅西百货公司于 1858 年创立于美国纽约的 14 号街，是全世界最大的百货公司之一。该公司历经一个多世纪盛行不衰的诀窍集中到一点就是：适应市场和顾客心理的变化，以变应变。

19 世纪 50 年代的美国正处于经济发展时期，人们的购买力有限，多数顾客有一种求廉心理。于是，梅西百货公司便对外宣传："用现款买便宜货。"因此，受到吸引的顾客便潮水般地向梅西百货公司涌去。在那里，顾客省了钱，梅西公司却赚了钱。

随着美国经济的发展，顾客中拥有银行存款的人日渐增多。这时，顾客喜欢能像发邮件或打电话那样，不必先付款就可以买东西，因此，记账买东西的方法受到了普遍欢迎。根据这种变化，1907 年梅西百货公司建立了一家梅西银行，同时创立一种制度：顾客只要把一笔钱存入梅西银行，便可得到一张信用卡，持此信用卡，可以在梅西百货公司的任何一家商店自由购物。顾客购物后的余款，还可以照样享受利息的好处。这种凭信用卡购物的方式大大方便了顾客，很受顾客的欢迎。

1939 年，梅西百货公司发现，自己许多忠实的老顾客，都纷纷地跑到别的公司去购买冰箱、家具等大货物。原来，这些公司都向顾客提供了一种分期付款的销售方式，即顾客不用事先付款，而是在以后的薪水中慢慢地扣除。这很受顾客的欢迎。为了适应这种新情况，梅西百货公司棋高一筹，迅速做出反应。他们推出新的应变销售方式——"用时再付"：在一定的限制条件下，顾客可以先取货试用一段时间，再决定是否买下来，然后，公司再给顾客 18 个月的时间，分期付完货款。这样，梅西公司的老顾客们又统统地跑回来了。

市场在变化，顾客的心理也在不断变化，梅西百货公司的销售方式也将会不断变化。

第五节　创新能力

美国著名管理大师杰弗里说："创新是做大公司的唯一之路。"没有创新，企业管理者肯定会毫无作战能力，也根本不会有继续做大的可能。同样的道理，创新是一个员工的立身之本。创新能力本身并不是奇迹，人人都具备它。但大多数人由于受传统思维的束缚，形成了一种固有的思维定式，因循守旧，缺乏创新意识。

一、创新能力的概念与意义

（一）创新能力的概念

所谓创新能力是指创造主体在创造活动中所表现并发展起来的各种能力的总和，主要指产生新思想、新方法、新结果的创造性思维和创造性技能。其主要表现为：发现问题的敏锐观察能力，通观全局的思维能力，拓展思路求索答案的能力，借鉴经验开拓新路的能力，远见卓识预见未来的能力。

（二）创新能力的意义

1. 创新能力是事业腾飞的引擎。微软公司在招聘新员工的时候，一些话总是会被重复地问道："你对软件设计有兴趣吗？"，"你认为软件的开发，对人的生活会产生什么样根本性的影响？"这些是进入微软的员工必须回答的问题。

一位微软的高级人力资源培训主管给出了解释：软件设计是一种创造性的工作，微软又是一个特别注重工作效率的公司，它需要的人，除了具备基本的软件知识外，必须要有丰富的想象力，高超的创造力，因为自由创造就是微软的企业精神。每个人都可以使自己的公司有所改变，公司的每一个变化，每一个进步，都与个人密切相关。虽然这是一个十分简单的概念，但是却对员工产生了巨大的影响。

2. 创新能力是员工的核心竞争力。世界上许多著名的公司都已经认识到发挥员工创造力的重要性。

美国惠普公司创建于1939年,该公司不但以其卓越的业绩跨入全球知名的百家大公司行列,更以其对人的重视、尊重与信任的企业精神闻名于世。惠普的创建人比尔·休利特说:“惠普的成功,靠的是‘重视人’的宗旨。就是相信惠普员工都想把工作干好,有所创造。只要给他们提供适当的环境,他们就能做得更好。”

曾经有记者问爱因斯坦:“您取得了这样的成就,是不是因为您充分开发了自己的大脑?”爱因斯坦答道:“不,我大概只利用了10%的大脑能力。”记者十分震惊,继续问道:“那一般人能利用多少呢?”“可能4%左右。”爱因斯坦平静地回答道。

人的创造力是无限的,如果我们能意识到这一点,就应对自己的创造潜力充满信心,就要唤醒自己心中潜在的创造意识,促使我们由普通人向创造性人格转化,重新重视存在于我们身上宝贵的创造资源。

怎么样才能拥有改变公司的力量,具备核心竞争力。首先,你要知道,你拥有无穷的潜力,这是一个不争的事实,你拥有的智慧与创造力,足可以改变这个公司。伟大的心理学家詹姆斯说过:“我们所知道的只是我们头脑和身体资源中极小的一部分。”人的潜能就如漂浮于海洋上的一座冰山,人们只看到了它露出水面的那隐隐约约的极小一部分,而它的绝大部分都被海水淹没,被我们忽视。

二、提升创新能力的方法

(一)不断进取

打破常规,不按常理出牌,突破传统思维的束缚,哪怕是一个小小的突破,也会产生非凡的效果。日本东芝电气公司的一个小职员,就因为一个不太起眼的创意,为我们提供了一个成功的实例。

日本东芝电气公司1952年前后曾一度积压了大量的电扇卖不出去,7万名职工为了打开销路,费尽心机地想办法,依然进展不大。

有一天,一个小职员向东芝公司当时的董事长石板提出了改变电扇颜色的建议。在当时,全世界的电扇都是黑色的,东芝公司生产的电扇自然也不例外。这个小职员建议把黑色改成为浅色,这一建议立即引起了董事长的重视。

经过研究,公司采纳了这个建议。第二年夏天,东芝公司推出了一批浅蓝色的电扇,大受顾客欢迎,市场上甚至还掀起了一阵抢购热潮,几十万台电扇在几个月之内一销而空。从此以后,在日本以及在全世界,电扇就不再都是一副统一的黑色面孔了。

这个事例具有很强的启发性。只是改变了一下颜色,就能让大量积压滞销的电扇,在几个月之内迅速成为畅销品!谁曾想到这一改变颜色的设想,效益竟如此巨大!而提出它,既不需要有渊博的知识,也不需要有丰富的商业经验,为什么东芝公司的其他几万名职工就没人想到没人提出来?为什么日本以及其他国家有成千上万的电气公司,以前也没人想到没人提出来?这显然是受到行业惯例束缚。

美国著名管理大师杰弗里说:“创新是做大公司的唯一之路。”没有创新,企业管理者肯定会毫无作战能力,也根本不会有继续做大的可能。同样的道理,创新是一个员工的立身之本。创新打破常规,创造机遇,能找到新的出发点。

有个人卖一块铜,喊价是28万美元,好奇的记者一打听,方知此人是个艺术家。不过对于一块只值9美元的铜来说,他的价格是个天价。他被请进了电视台,讲述了他的道理:一块铜价值9美元,如果制成门柄,价值就增值为21美元;如果制成工艺品,价值就变成300美元;如果制成纪念碑,价值就应该值28万美元。他的创意打动了华尔街的一位金融家,在他的帮助下,那块铜最终制成了一尊优美的塑像——成功人士纪念碑,价值为30万美元。从9美元到30万美元之前的差距,恰恰就是创造力的价格。

创造力本身并不是奇迹,人人都具备它。但大多数人由于受到传统思维的束缚,形成了一种固有的思维定式,因循守旧,缺乏创新意识,自然就不会有好的结果。

突破思维定式,进行创新思考,这将是你成功的法宝。

(二)敢为天下先

提起成功,就会想到创新,因为它们往往是难以分割的两个方面。我们说成功不难,那就没有任何理由惧怕创新。创新就像一个哲人说的那样:“你只要离开人们常走的大道,潜入森林,你就肯定会发现前所未有的东西。”同样的道理,一个小小的改变,只要能跳出传统守旧的观念,将自己思想方式巧妙地变一变,往往就会产生意想不到的效果。

驰誉世界的迪斯尼小路就是这样产生的。著名的建筑大师格罗培斯设计的迪斯尼乐园主体工程竣工后,他对园内景点与景点之间的小路不甚满意,修改了几十次,都不太理想,他只好放下这项工作到国外去度假。

一天,他在法国南部的一个葡萄园门口,发现买葡萄的人络绎不绝,人们只要往园门口的箱子里投5个法郎,便可到园子里随意摘上一篮葡萄,这种任意采摘的方法，吸引了许多过往的人。格罗培斯看了顿生灵感，当即电话通知施工者，在园内撒上草种，提前开放。园内小草长出来了，在没有道路的景点与景点之间，游人踩出了一条条小路。第二年他按照踩出的痕迹，铺出了人行小路，这些黄色小路点缀在绿草之间，纵横交错，幽雅自然，美不胜收，后来他的设计获得了1971年国际艺术最佳设计奖。

有探索才会有创新，有创新才容易成功。世上每一次伟大的成功，都是先从创新开始的。

（三）善于思考

不管你从事的是哪一个行业，幸运之神都偏爱会思考、有创新精神的人。思考能使人不断进步，创新能使你的事业再上一个巅峰，与众不同的创新个性能使你成为众人的灵魂。因此，从现在起培养你的不断思考、敢于创新的习惯，从生活中的点点滴滴开始培养，那么你的远大目标的实现会自然而然地水到渠成。

华若德克是美国实业界大名鼎鼎的人物。在他未成名前，有一次，他带领属下参加在休斯敦举行的美国商品展销会。令他感到懊丧的是，他被分配到一个极为偏僻的角落，而这个角落是很少有人光顾的。为他设计摊位布置的装饰工程师劝他干脆放弃这个摊位，认为在这种情况下要展览成功是不可能的，唯一的办法是只有等待来年再参加商品展销会。沉思良久，华若德克觉得自己若放弃这样的机会实在太可惜，而这个不好的地理位置带给他的厄运也不是不能化解，关键就在于自己怎样利用这不好的环境，使之变成整个展会的焦点。他觉得改变这种厄运需要一种出奇制胜的策略，可是怎样才能出奇制胜呢？华若德克陷入了深深的思考。他想到了自己创业的艰辛，想到了展销会的组委会对自己的排斥和冷眼，想到了摊位的偏僻，在他心中突然想到了偏远的非洲，自己就像非洲人一样受到不应有的歧视。第二天，华若德克走到了自己的摊位，心里充满悲哀又有些激奋，心想既然你们把我看成非洲难民，那我就给你们打扮一回非洲难民，于是一个计划就产生了。

华若德克让他的设计师给他设计了一个古阿拉伯宫殿式的氛围，围绕着摊位布满了具有浓郁的非洲风情的装饰物，把摊位前的那一条荒凉的大路变成了黄澄澄的沙漠。他安排雇来的人穿上非洲人的服装，并且特地雇用动物园的双峰骆驼来运输货物。此外还派人定做大批气球，准备在展销会上用。还没到开幕式，这个与众不同的装饰就引起了人们的好奇。不少媒体都报道了这一新颖的设计，市民们都盼望开幕式尽快到来，一睹为快。展销会开幕那天，华若德克挥挥手，展厅里顿时升起无数的彩色气球，气球升空不久自行爆炸，落下无数的胶片，上面写着“当你拾起这小小的胶片时，亲爱的女士和先生,你的运气就开始了,我们衷心祝贺你。请到华若德克的摊位,接受来自遥远的非洲的礼物。"这无数的碎片洒落在热闹的展销会场,当然华若德克也因此奇特的改变与创新取得了巨大的成功。

思路决定出路,思考是人生最大的财富。学会思考,就能找到人生新的起点;学会思考,学会创新,成功就会向你走来。

(四)激活自己的创新思维

有一次,奥地利两位著名的作曲家莫扎特和海顿在一起打赌。莫扎特对海顿说:"我有一首你不会演奏的曲子。"海顿自然不信,于是他俩就打赌。海顿接过莫扎特递过来的乐谱,开始用钢琴演奏起来。演奏到一个地方,海顿只好停下来,喊道:"难怪你说我不会演奏,现在我的两只手已经在钢琴键盘的两端,而又要让我在钢琴键盘的中间同时再奏出一个音,那是不可能的。"莫扎特笑了,走近钢琴演奏起来。当他演奏到海顿刚才停下的地方时,出人意料地用自己的鼻子弹了钢琴键盘中间的那个音。果然,莫扎特以这个奇妙的方法,打赢了这个赌。

别看莫扎特是跟海顿开了个玩笑,细想起来这个故事对我们很有启发。如果你是海顿,那么你对莫扎特"奇迹"的第一个反应可能是:我怎么没想到?往深处思索,对于渴望成功的每个人来说,不去想或是不会想,有可能把成功的机遇白白丢掉。许多成功开始都常常是一种简单的想法罢了,问题是,成功者能够想得到,而大多数人却不能想到。因为他们被常规的思维束缚了,根本没有想到,路还可以这样走,事还可以这样做。

(五)集思广益

中国著名画家张大千的兄长张善子,早年学画虎,因功底不深,张善子画得不好,结果画虎不成反类"猫"。于是,张善子一度被人取笑为"张猫猫"。然而张善子听到别人的耻笑并不气恼,为了借助别人的智慧,摸索画虎的技巧,他索性将所画的一张张"猫"当众展示,任观众评说,而张善子则躲在屏风后面将众人的意见一一记下,借此不断提高画技。由于巧妙采集他人的智慧并大胆创新,张善子后来终于成了名副其实的画虎大师。

成功不能光凭个人单枪匹马地去发挥自己的才智,还要善于博采众长,广泛吸取他人的智慧。有道是,"智者千虑,必有一失",任何一位成功者不论其学识多么渊博,经验多么丰富,也不可能样样都考虑得万分周全。要减少成功之路上的失误,运用"集智"创意,是个好办法。任何人都不可能样样精通,不可能事事会做,尤其在创造性思维方面,不管你有多么聪明,总有你想不到的地方。善成大事者,则善于听取别人的意见,收集别人的智慧,集思广益,以此获得解决问题的最佳方法。正如古人所云:"下君之策尽己之能,中君之策尽人之力,上君之策尽人之智。"

(六)舍弃墨守成规

因循守旧、墨守成规的传统观念与现代社会的发展是背道而驰的。一个民族、一个国家最宝贵的财富是创新精神,这远比物质财富要重要得多。如果因循守旧、墨守成规失去了创新精神,再丰富的物质也会贫乏、枯竭,社会就会停滞不前。整个社会是如此,个人的致富也不例外。许多人并不缺乏勤奋,也不缺乏知识,但却碌碌无为,一事无成,其原因就在于缺乏创新精神。

美国杰出的发明家保尔·麦克里迪曾讲述过这样一个故事:

这是几年前的一件事,我告诉我儿子,水的表面张力能使针浮在水面上,他那时才十岁。我接着提出一个问题,要求他将一根很大的针投放到水面上,但不得沉下去。我自己年轻时做过这个试验,所以我提示他要利用一些方法,譬如采用小钩子或者磁铁等等。他却不假思索地说:"先把水冻成冰,把针放在冰面上,再把冰慢慢化开不就得了吗?"

这个答案真是令人拍案叫绝!它是否行得通倒无关紧要,关键一点是:我即使绞尽脑汁冥思苦想几天,也不会想到这上面来。经验把我限制住了,思维僵化了,这小伙子倒不落窠臼。

(七)突破常规思维

善于改变自己的思维,不按照常理去想问题,就会取得非同一般的成效。

今天,人们都已经熟悉了逆向思维的方式,但遇到了实际情况,特别是一些特殊情况的时候,人们还是习惯于常规思维。因此,很多实际可以解决的问题,也就被人们看成无法做到、难以解决的问题。

美国麦克公司董事长库里·恰克,以前只是一个小商贩,靠做小生意起家。那一年,他把所有的本钱取出来,购进了一大批日本货,准备在美国出售。不料进货不到两天,还没来得及出售,日本偷袭珍珠港的事件发生了,美国人抵制日货,库里·恰克面临破产的边缘。库里·恰克有苦难言,辛辛苦苦赚来的钱眼看就要泡汤了,他整天坐在椅子上,面对堆积如山的日货长吁短叹,度日如年,几乎想要跳楼自杀。

半个月后的一天,突然一个起死回生的想法涌上了他的脑海,他认为这个生意点子大有一试的价值。于是,他就在商品广告单上用红字写下这么一句话:"美利坚的同胞们,买日货是爱国的最好表现,有爱国心的人不可不买。为什么呢?在跟日本打仗的现在,如果人人都买日货,就等于省下一批国内资源。这部分资源就能用作军需品,以增强美国的国力。"这寥寥数语发生了很大的作用,看到广告单的人都纷纷买他的日货，这样他的日货很快就卖光了。

面对人生旅途中的诸多难题，如果从正面去想无法解决时，不妨打破常规，从另一方面或另一角度去思考。就像本来濒临破产的库里·恰克，把抵制日货改变成提倡购买日货，结果他不仅没有亏本，反而赚了一大笔。

第六节 执 行 力

执行是目标与结果之间“缺失的一环”，是组织不能实现预定目标的主要原因，是各级企事业单位领导层希望达到的目标与实现目标的实际能力之间的差距；它不是简单的战术，而是一套通过提出问题、分析问题、采取行动的方式来实现目标的系统流程；它是战略的一部分……执行，是各级组织在一年365天里最基本的常态。执行力，就是各级组织将战略付诸实施的能力，反映战略方案和目标的贯彻程度。

企业经营要想成功，战略与执行力缺一不可。许多企业虽有好的战略，却因缺少执行力，最终失败。市场竞争日益激烈，在大多数情况下，企业与竞争对手的差别就在于双方的执行力。如果对手在执行方面比你做得更好，那么它就会在各方面领先。有关调查表明：成功的企业，20%靠战略，60%靠企业各级管理者的执行力，其余是运气等因素。

一、执行力的概念与意义

（一）执行力的概念

1. 柳传志：执行力就是任用会执行的人。执行力是指企业贯彻落实领导决策、及时有效地解决问题的能力，是企业管理决策在实施过程中原则性和灵活性相互结合的重要体现。一个企业有无执行力，关键看有没有选对人。从某种意义上说，选对人意味着企业领导者成功了一大半。因此，面对执行力的流失，柳传志先生找到了一名“得力大将”，这就是联想公司的总经理杨元庆。

2. 杰克·韦尔奇：执行力就是消灭妨碍执行的官僚文化。每个企业都希望能找到持续成功的灵丹妙药，但它到底在哪里？让我们回首历史，一百多年前，当纽约证券交易所开盘时，选取了十几家当时最大的公司作为道琼斯指数股，而一百年后的今天，只有GE还依旧是道琼斯指数股。是什么使得GE能基业长青？原因很多，但无疑，卓越的企业执行力在其中扮演起到了举足轻重的角色作用。

3. 迈克尔·戴尔：执行力就是在每一环节都力求完美，切实执行。第三位企业家是美国的迈克尔·戴尔，他所运用的直接销售与接单生产方式并非仅是跳过经销商的一种行销手法，而是企业策略的核心所在。虽然康柏的员工规模超出戴尔很多，但戴尔多年前的市值就已超前，关键就在于执行力，而这也正是戴尔于2001年取代康柏，成为全球最大个人计算机制造商的原因所任。他对执行力的看法是："一个企业的成功，完全是由于戴尔公司的员工在每一阶段都能够一丝不苟地切实执行。"

（二）执行力的意义

1. 具备持续的竞争优势。沃尔玛的案例支持了我们的判断。零售业在美国早就是成熟的产业，按照传统观点，那应该是无利可图的产业。但沃尔玛的创始人山姆·沃顿开始从乡村包围城市，一点一滴拉大和竞争者之间的差距。例如，光是偷窃的损失，沃尔玛就比竞争者少了一个百分点，这样的成果和3%的净利相比，贡献可观，而这就是执行力的具体表现。除此之外，沃尔玛还利用集中发货仓库，每天都提供低价商品，还有全国卫星联网的管理资讯系统等等，沃尔玛便以这些看似平淡无奇的管理手法，创造出全球最大的零售公司。在过去40年中，没有任何公司能成功地模仿沃尔玛，换言之，沃尔玛以其特有的执行力，具备了持续的竞争优势，培育了企业核心能力。

2. 培育企业核心竞争力。保罗·托马斯和大卫·伯恩在《执行力》一书中这样说道：满街的咖啡店，唯有星巴克一枝独秀；同是做个人计算机，唯有戴尔独占鳌头；都是做超市，唯有沃尔玛雄居零售业榜首，而造成这些不同的原因，则是各个企业的执行力的差异，那些在激烈竞争中能够最终胜出的企业无疑都是具有很强的执行力。因此，执行力是决定企业成败的一个重要因素，是21世纪构成企业竞争力的重要环节。

平安集团股份有限公司董事长马明哲在2003年最具影响力的企业领袖中排名第17位。马明哲先生在谈起对执行力的体会时说：核心竞争力就是所谓的执行力，没有执行力就没有核心竞争力。关于核心竞争力，我们可以提两个问题。第一，什么是核心竞争力；第二，你的核心竞争力靠什么来保障？答案都是执行力。马明哲先生提到了这样一个怪圈现象：即今天企业的高层怪中层，中层怪员工，员工怪中层，中层又反过来怪高层，形成一个圈，却没有一个人真正的负责，按质按量地做好他的工作。如果企业能像迈克尔·戴尔讲的在每一个环节和每一个阶段都一丝不苟，就不会有这么多的推诿扯皮的现象。

没有执行力就没有企业的核心竞争力，执行力是企业核心竞争力的最有力的保障！

二、提升个人执行力的方法

(一)有执行力人的特点

1. 自动自发。一个人除了会做还是远远不够的,还要有工作意愿(动机),即要自动自发。所谓的自动自发不是一个口号一个动作,而是要充分发挥主观能动性与责任心,在接受工作后应尽一切努力、想尽一切办法把工作做好。其实,这是一种态度,一种面对生活,面对工作,面对人生的态度。仔细想来,"自动自发"就是一种可以帮助你扫平一切挫折的积极健康的人生态度。

自动自发地做事,同时为自己的所作所为承担责任,那些成就大业之人和凡事得过且过的人之间的最根本的区别在于,成功者懂得为自己的行为负责。没有人能促使你成功,也没有人能阻挠你达成自己的目标。

2. 注重细节。应把做好工作当成义不容辞的责任,而非负担,要认真对待、注重细节,来不得半点马虎及虚假;做工作的意义在于把事情做对,而不是做五成、六成的低工作标准,甚至到最后完全走形而面目全非,应以较高的、大家认同和满意的标准来要求自己。

密斯·凡·德罗是20世纪世界四位最伟大的建筑师之一,在被要求用一句最概括的话来描述他成功的原因时,他只说了五个字"魔鬼在细节"。他反复强调的是,不管你的建筑设计方案如何恢弘大气,如果对细节的把握不到位,就不能称之为一件好作品。细节的准确、生动可以成就一件伟大的作品,细节的疏忽会毁坏一个宏伟的规划。

看不到细节,或者不把细节当回事的人,对工作缺乏认真的态度,对事情只能是敷衍了事。这种人无法把工作当作一种乐趣,而只是当作一种不得不受的苦役,因而在工作中缺乏工作热情。他们只能永远做别人分配给他们做的工作,甚至即便这样也不能把事情做好。而考虑到细节、注重细节的人,不仅认真对待工作,将小事做细,而且注重在做事的细节中找到机会,从而使自己走上成功之路。

3. 诚信,敢于负责。诚信是立身处世的准则,是人格的体现,是衡量个人品行优劣的道德标准之一。正如孔子所说"言必信,行必果",即"人无信不立"。只有诚信,一个人才会去为了实现自己的许诺而积极肯干;一个真正注重诚信的人或组织,在履约不能的时候,必定会慷慨的对由于自己失信的行为负责,及时的采取必要的措施弥补自己的失信造成受诺主体的损失。

4. 善于分析判断,应变力强。在信息社会和纳米时代,分析判断、快速应变能力的重要性是不言而喻的。远的不说,在证券市场,鼠标早击和迟击十分之一秒,是否成交或成交价格就有很大区别。照相机为什么设计了千分之一秒和万分之一秒快门，原因就是万一之差，本质上就已经截然不同。

机会是为有准备者提供的，快速应变能力往往并不表现为一时的灵感，更多的是找已久的时机在瞬间出现。对于客观环境和市场形势可能出现的变化，我们必须提前做出预测，并备有应付各种变化的预案（不管成文还是不成文的）。很多人都懂得去做这方面的准备工作，为事业的发展设计了很多种“可能”，但由于个人和所处环境的局限性，“不可能”的因素便被忽略了，但当所有的“可能”都变为“不可能”时，原来认为的“不可能”就是唯一的“可能”，千虑一失的情况就是这样发生的。可以说，善于分析、快速应变能力是在竞争日益积累、变化日益迅速的今天有效执行的必要条件。

5. 乐于学习，追求新知，具有创意。学习能力、思维能力、创新能力是构成现代人才体系的三大能力，其中，善于学习又是最基本、最重要的第一能力。没有善于学习的能力，其他能力也就不可能存在，因此也就很难去具体执行。

远大空调集团总裁张跃，拥有资产 2 亿美元以上，1989 年创业时只有 25 岁。张跃的座右铭是“要孜孜不倦地追求知识”。当然这里不是指那种很刻板的知识，还包括生活方式的认知和品位、感受，这是决定一个人是否幸福的重要方面。要在知识中找到美感，体会到享受。

6. 对工作投入。全力投入工作的热忱不仅仅是管理者成功的要素，也是每个人获得成功的要素。没有对工作的热忱，他就无法全身心投入工作，就无法坚持到底，对成功也就少了一份执著；有了对工作的热忱，在执行中就不会斤斤计较得失，不会吝啬付出和奉献，不会缺乏创造力。

7. 有韧性。韧性指具备挫折忍耐力、压力忍受力、自我控制和意志力等；能够在艰苦的、不利的情况下，克服外部和自身的困难，坚持完成任务；在比较巨大的压力下坚持目标和自己的观点。

韧性首先表现为一种坚强的意志，一种对目标的坚持。“不以物喜，不以己悲”，认准的事，无论遇到多大的困难，仍千方百计完成。克劳塞维茨《战争论》中有一句很著名的话：要在茫茫的黑暗中，发出生命的微光，带领着队伍走向胜利。战争打到一塌糊涂的时候，将领的作用是什么？就是要在茫茫黑暗中，用自己发出的微光，带领队伍前进，谁挺住了最后一口气，胜利就属于谁。在工作中能够保持良好的体能和稳定的情绪状态，同样体现坚韧。当处于巨大压力或产生可能会影响工作的消极情绪时，能够运用某些方式消除压力或消极情绪，避免自己的悲观情绪影响他人，可并不是人人都能做到的。

美国石油大亨约翰·洛克菲勒，标准石油公司的创始人，也是世界上第一位亿万富翁。16 岁时，他为了得到一份“对得起所受教育”的工作，翻开克利夫兰全城的工商企业名录，仔细寻找知名度高的公司。每天早上 8 点，他离开住处，身穿黑色衣裤和高高的硬领西服，戴上黑领带，去赴约面试。他不顾一再被人拒之门外,日复一日地前往——每个星期六天,一连坚持了六个星期。在走遍了全城所有大公司都被拒之门外的情况下,他并没有像很多人想的那样选择放弃,而是"敲开一个月前访问过的第一家公司",从头再来。有些公司甚至去了两三次,但谁也不想雇个孩子。可是洛克菲勒越受到挫折,他的决心反而越坚定。

1855年9月26日上午,他走进一家从事农产品运输代理的公司,老板仔细看了这孩子写的字,然后说:"留下来试试吧。"并让洛克菲勒脱下外衣马上工作,工资的事提也没提。他过了三个月才收到了第一笔补发的微薄的报酬。这就是洛克菲勒的第一份工作,是他自己都记不清被拒绝多少次后得到的工作。他一生都把9月26日当作"就业日"来庆祝,那热情,胜过他自己过生日。

8. 团队精神。团队精神不仅仅是对员工的要求,更应该是对管理者的要求,团队合作对管理者的最终成功起着举足轻重的作用。

对管理者而言,真正意义上的成功必然是团队的成功。脱离团队,即使得到了个人的成功,往往也是变味的、苦涩的,长此以往对公司是有害的。因此,管理者的执行力绝不是个人的勇猛直前,孤军深入,而是带领下属共同前进。

"经营之神"的松下幸之助在1945年就提出:"公司要发挥全体职工的勤奋精神"。他不断向职工灌输"全员经营"、"群智经营"的思想。这种思想认为:"松下的经营,是用全体职工的精神、肉体和资本集结成一体的综合力量进行的。"为打造坚强团队,直至20世纪60年代,松下公司还在每年正月的一天,由松下幸之助带领全体职员,头戴头巾,身着武士上衣,挥舞着旗帜,把货物送出。在目送几百辆货车壮观地驶出厂区的过程中,每一个工人都会升腾出由衷的自豪感,为自己是这一团体的成员感到骄傲。

9. 强烈求胜欲望。欲望是一切行动的源泉,是人生必备的条件,也是支持人生的动力。没有欲望,任何事情都不可能坚持和成功,其人生也将变得空洞平淡、没有人性的魅力。当然,人的欲望形形色色,其中不乏偏激、劣等的蠢欲。此类欲望对人生有害无益,应当压抑和克制。克制蠢欲的最好办法,就是以积极的、有益的欲望投入事业的追求。这种欲望越强,情绪就越高,意志就越坚定。强烈的欲望可以使人的能力发挥到极致,为事业的成功献出一切。

华为将它的产品打入美国市场伊始,就碰到了思科这一强大的对手。思科在2003年对华为发起了声势浩大的知识产权诉讼。不管这一知识产权诉讼最后的赢家是谁,在中国的企业里面,能够给美国思科带来威胁的毕竟不太多,而华为就是其中一个。

"求胜欲望"在华为公司有着很好的体现,他们以狼代表他们的文化,因为狼有三个特性,第一、嗅觉特别的灵敏,哪里有血腥味就会冲过去,他们把这个解释为商机;第二、狼寒天出动,就是市场的状况再险恶,华为也不会畏缩;第三、狼通常都是成群结队。这表示华为发扬了很好的团队精神。

（二）提升下属执行力的方法

1. 明确负责人,并授权他调度一切。企业的每项工作都应确定一个具体的负责人,而且要给予该负责人足够的权力,否则任务的指派人和责任人不能够形成统一,在任务的执行过程中就会遇到重重困难。

A 公司在实施某项目中,指定小王作为工作协调人的角色,主要负责将任务提交,而没有权力监督事情的结果。具体工作进度和相关情况由项目组组长每周直接向公司的直接领导汇报。由于项目成员对现场环境缺乏认识,而且又是第一次进入现场项目组,以前在工作中养成的散漫习惯逐渐暴露。在项目进行了两周后,项目出现了严重的延迟现象。由于小王的职责关系,他无法对项目进行整体掌控。小王无法忍受客户的投诉,他最后向公司提出建议并汇报了项目的情况。公司针对现场情况,授权由小王管理和协调现场的人员。于是小王用了一周时间将现场工作和开发的注意事项灌输给项目组成员,存在任何疑问必须立即在项目团队内部进行交流,又过了一周,项目的进展情况终于得以扭转。

责任和权力是统一的,只有责任,没有权力,是无法完成任务的。

2. 将目标分解成每个人的任务。要提高下属的执行力,首先管理者要在制订目标计划时注重科学性和可操作性,采取“派单制”和“布置作业”的方法,在下发目标和安排布置工作时向下属交代清楚,避免工作中的盲目性和随意性,从而有效提高执行效果。

其次,要有建立科学的执行管理机制的观念。对工作目标和工作计划,要采取“切香肠”的方法,将年度目标分解到每月,每月分解到周,每周分解到天,各部门及时对公司目标计划进行层层分解,将目标分解落实到具体人。

3. 盯紧每件事,关注“回报”。在下属完成任务的整个过程中,管理者应督促下属养成自动“回报”的习惯。在这里,“回报”并不是报答,而是“回去报告”的意思。我们常用“汇报”这个词,“汇报”和“回报”是有区别的,汇报是下属对上级的汇总说明。“回报”强调的是双向的、自动的沟通和反馈。通过下属与上级的沟通,上级可以及时全面的了解任务的完成情况,当下属工作出现问题时,上级可以指导下属不断地进行修正。

4. 杜绝下属只报喜不报忧的行为。一些下属报喜不报忧的问题相当突出。有的人在向上级汇报工作时,讲成绩、讲好的方面浓墨重彩,极力渲染,对问题和缺点则轻描淡写,讳莫如深,层层截留,大事化小,小事化了;有的对报忧的人横加指责,施加压力,甚至打击报复。这种做法,不仅妨碍了上级对真实情况的了解和掌握，容易形成误导，以致造成决策失误，而且贻误了解决问题的时机，使小矛盾变成大矛盾，小错酿成大祸，给企业造成重大损失。同时，也会使其他员工诱发投机心理，助长虚假之风，败坏企业风气。

总的来说，要提高下属的执行力，可以分四步走：第一步，就是明确任务的负责人，并赋予他充分的权力；第二步，把目标分解成具体的任务；第三步，要求部下不断"回报"；第四步，采取措施避免下属只报喜不报忧的行为，倡导下属尽量地检讨疏失、检讨损害、检讨过错，弄清问题的真相。

习题

一、名词解释

1. 职业能力素质
2. 学习能力
3. 人际关系
4. 应变能力
5. 创新能力
6. 执行力

二、思考题

1. 试述职业能力的构成及影响。
2. 试述提升学习能力的意义及方法。
3. 试述提升人际关系运作能力的意义和方法。
4. 试述提升应变能力的方法。
5. 试述提升创新能力的意义和方法。
6. 试述有执行力人的特征。
7. 试述提升下属执行力的方法。

第五章 沟 通

学习目标

1. 理解沟通的含义及沟通的作用；
2. 了解沟通的类型，掌握良好沟通的方法；
3. 在工作岗位中能进行有效沟通。

第一节 沟通的概念与作用

一、沟通的概念

一个职业人士成功的因素与他的沟通能力密不可分。对企业内部而言，人们越来越强调建立学习型的企业，越来越强调团队合作精神，因此有效的企业内部沟通交流是成功的关键；对企业外部而言，为了实现企业之间的强强联合与优势互补，人们需要掌握谈判与合作等沟通技巧；对企业自身而言，为了更好地在现有政策条件允许下，实现企业的发展并服务于社会，也需要处理好企业与政府、企业与公众、企业与媒体等各方面的关系。这些都离不开熟练掌握和应用沟通的原理和技巧。对个人而言,建立良好的沟通意识,逐渐养成在任何场合下都能够有意识地运用沟通的理论和技巧进行有效沟通的习惯,达到事半功倍的效果。无论您是从事管理、销售还是技术或研发,学习沟通技巧,将使您在工作、生活中游刃有余。

(一)沟通的过程

信息沟通必须具备三个要素:信息的发送者、信息的接收者、所传递的信息内容。图5-1描述了沟通的过程。

沟通过程由发送者开始。发送者首先将头脑中的思想进行编码,形成信息,然后通过传递信息的媒介物——通道,发送给接收者。接收者在接收信息之前,必须先将其翻译成可以理解的形式,即译码。发送者进行编码和接收者进行译码都要受到个人的知识、经验、文化背景和社会环境的影响。沟通的最后一环是反馈,是指接收者把信息返回给发送者,并对信息是否被理解进行检查,以纠正可能发生的某些偏差。整个沟通过程都有可能受到噪声的影响。所谓噪声是指信息传递过程中的干扰因素,包括内部因素和外部因素。它可能在沟通过程的任何环节造成信息的失真,从而影响沟通的有效性。

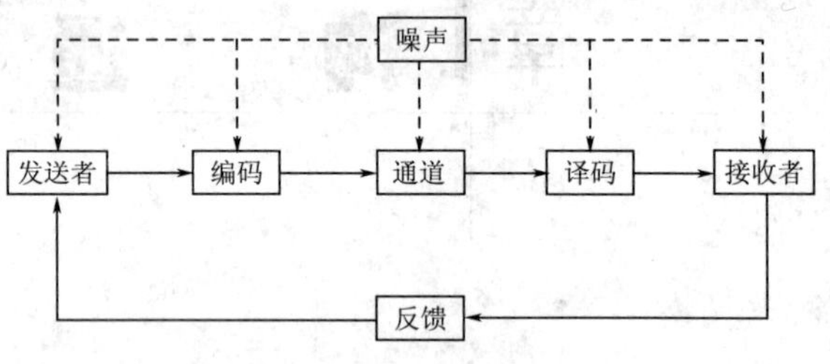

图5-1 沟通的过程

(二)沟通的含义

沟通简单地说就是信息交流,就是指一方将信息传递给另一方,期待其做出反应的过程。由此可见,沟通包含着以下三个含义:

1. 沟通是双方的行为,而且要有中介体。其中"双方"既可以是"人",也可以是"机"。这里主要阐述"人"与"人"的交流形式,并把着重点放在组织内部的信息沟通上。这是领导工作的重要组成部分。

2. 沟通是一个过程。沟通过程指的是信息交流的全过程。

3. 编码、译码和沟通渠道是有效沟通的关键环节。用语言、文字表达的信息,往往含有"字里行间"和"言外之意"的内容,甚至还会造成"言者无意,听者有心"的结果。而如果沟通渠道选择不当,往往会造成信息堵塞或信息失真现象,这些因素必须在沟通时加以注意。

二、沟通的作用

沟通不仅是一个人获得他人思想、感情、见解、价值观的一种途径,而且是一种重要的、有效的影响他人的工具和改变他人的手段。在以人为本的管理中,沟通的地位越发重要,管理者所做的每一件事都需要有信息沟通。

沟通的作用可以从信息、情绪表达、激励和控制四个方面去理解。

1. 收集信息,使决策能更加合理和有效。任何组织的决策过程,都是把信息转变为行动的过程。准确可靠而迅速地收集、处理、传递和使用信息是决策的基础。

2. 改善人际关系、稳定员工的思想情绪、统一组织行动。沟通是人际交往的重要组成部分,它可以解除人们内心的紧张等不良情绪,使人感到愉悦。在相互沟通中,人们可以增进了解、改善关系、减少不必要的冲突。

3. 沟通可以激励员工。通过沟通可以使组织成员明确形势,告诉他们做什么、如何来做、没有达到标准时应该如何改进。目标设置和实现过程中信息的持续反馈和沟通对员工都有激励作用。在沟通的过程中,信息的接收者接收到并理解了发送者的意图之后,一般来讲会做出相应的反应,改变自身的行为。这时沟通的激励作用就体现出来了。

4. 沟通对组织成员的行为具有控制作用。组织的规则、章程、政策等是组织中每一个成员都必须遵守的,对成员的行为具有控制作用。成员是通过不同形式的沟通来了解、领会这些规则、章程、政策的。

第二节 沟通的类型与方法

一、沟通的类型

(一)按沟通的功能和目的分类

1. 工具沟通。工具沟通的主要目的是传递信息,同时也将发送者自己的知识、经验、意见和要求等告诉接收者,以影响接收者的知觉、思想和态度体系,进而改变其行为。

2. 满足需要的沟通。满足需要的沟通目的是表达情绪状态,解除紧张心理,争得对方同情、支持和谅解等,从而满足个体心理上的需要和改善人际关系。

(二)按沟通的组织系统分类

1. 正式沟通。正式沟通指的是通过组织明文规定的渠道进行信息的传递和交流。例如组织与组织之间的公函来往,组织中上级的命令、指示按系统逐级向下传送,下属的情况逐级向上报告,以及组织内部规定的会议、汇报、请示、报告制度等。正式沟通的优点是:沟通效果较好,有较强的约束力,易于保密,一般重要的信息通常都采用这种沟通方式;其缺点是:因为依靠组织系统层层传递，因而沟通速度比较慢，而且显得刻板。

2. 非正式沟通。非正式沟通指的是正式沟通渠道之外进行的信息传递和交流。如员工之间私下交换意见、背后议论别人、小道消息、马路新闻的传播等，均属于非正式沟通。非正式沟通方式的优点是沟通方便、内容广泛、方式灵活、沟通速度快、可用以传播一些不便正式沟通的信息。而且由于在这种沟通中比较容易把真实的思想、情绪、动机表露出来，因而能提供一些正式沟通中难以获得的信息。因此，管理者要善于利用它。但是，一般说来这种非正式沟通比较难以控制，传递的信息往往不确切，易于失真、曲解，容易传播流言蜚语而混淆视听，管理者应予重视，注意防止和克服其消极的方面。

正式沟通的内容和频率要适当。次数过少，内容不全，会使上情不能下达，下情不能上达；而次数过多，内容过繁，则会导致“文山”、“会海”，陷入官僚主义和形式主义。管理者在力求使正式沟通畅通的同时，还应重视和利用非正式沟通渠道，使后者成为更好地掌握各种信息的一种补充形式。通常，小道消息大多出于捕风捉影，歪曲或扩大事实，但它的流行常常与正式沟通渠道不畅有关。改善的办法在于使正式沟通渠道畅通，用正式消息驱除小道传闻。

（三）按沟通的方式分类

1. 口头沟通。所谓口头沟通就是运用口头表达的方式来进行信息的传递和交流。这种沟通方式通常见于会议、会谈、对话、演说、报告、电话联系、市场访问、街头宣传等。

2. 书面沟通。书面沟通指的是用书面形式进行的信息传递和交流，例如简报、文件、通讯、刊物、调查报告、书面通知等。

美国心理学家戴尔（T. L. Dahle）通过比较研究，认为兼用口头与书面沟通的沟通方式效果最好，其次是口头沟通，再次是书面沟通。其实，口头沟通与书面沟通各有优缺点。口头沟通的优点在于比较灵活、简便易行、速度快、有亲切感；双方可以自由交换意见，便于双向沟通；在交谈时可借助于手势、体态、表情来表达思想，有利于对方更好地理解信息。但也有缺点，如受空间限制、人数众多的大群体无法直接对话、口头沟通后保留的信息较少等。书面沟通的优点在于：具有准确性、权威性，比较正式；不受时间、地点限制；信息可以长期保存，便于查看和核对；可减少因一再传递、解释所造成的失真。它的缺点是：不易随时修改，有时文字冗长不便于阅读，做成书面形式也较为费时。

在工作中，口头沟通与书面沟通都是必不可少的，但用得更多的是口头沟通。通常，传递重要的、需要长期保存的信息，宜用书面沟通；传递一般性的、暂时性的、有关例行工作的信息，以口头沟通更为简便。在班组、科室中，一般说来成员不多，工作场地较为集中，担负的大多是执行性任务，因此应特别重视口头沟通。

3. 语言沟通。它是借助于语言符号系统而进行的沟通，包括口头语言、文字语言和图表等。在面对面的直接交往中，通常用的是口头语言，是由“说”和“听”构成语言交流情境的，因而双方心理上的交互作用表现得格外明显。

4. 非语言沟通。它指的是用语言以外的非语言符号系统进行的信息沟通，如行动符号（手势、表情动作、体态变化等）、目光接触（眼神、眼色）、辅助语言（说话的语气、音调、音质、音量、快慢、节奏等），以及空间运用（身体距离）等。

语言沟通与非语言沟通通常是交织在一起的，这两个方面配合得越好，沟通的效果也越好。因此在沟通时，要注意保持两者在意义上的一致性，否则，如怒气冲冲地表扬人、嬉皮笑脸地批评人、怒目而视地抚摸、板着脸孔与人打招呼，都会使信息模糊而使对方难以捉摸，影响沟通效果甚至引起误会，带来麻烦。

（四）按信息传播的方向分类

1. 上行沟通。是指自下而上的沟通，即下属向上级汇报情况、反映问题。这种沟通既可以是书面的，也可以是口头的。为了作出正确的决策，领导者应该采取措施如开座谈会、设立意见箱和接待日制度等，鼓励下属尽可能多地进行上行沟通。

2. 下行沟通。是指自上而下的沟通，即领导者以命令或文件的方式向下属发布指示、传达政策、安排和布置工作等。下行沟通是传统组织内最主要的一种沟通方式。

3. 平行沟通。主要是指同层次、不同业务部门之间以及同级人员之间的沟通。平行沟通符合过程管理学派创始人法约尔提出的“跳板原则”，它能协调组织横向之间的联系，在沟通体系中是不可缺少的一部分。

（五）按沟通网络的基本形式分类

有五种沟通形态，分别为链式、轮式、Y 式、环式和全通道式沟通。

五种沟通的形态如图 5-2 所示。

链式沟通属于控制型结构，在组织系统中相当于纵向沟通网络。网络中每个人处在不同的层次中，上下信息传递速度慢且容易失真，信息传递者所接收的信息差异大。但由于结构严谨，链式沟通形式比较规范，在传统组织中应用较多。

轮式沟通又称主管中心控制型沟通。该网络图中，只有一名成员是信息的汇集发布中心，相当于一个主管领导直接管理几个部门的权威控制系统。这种沟通形式集中程度高，信息传递快，主管者具有权威性。但由于沟通渠道少，组织成员满意程度低，士气往往受到较大的影响。

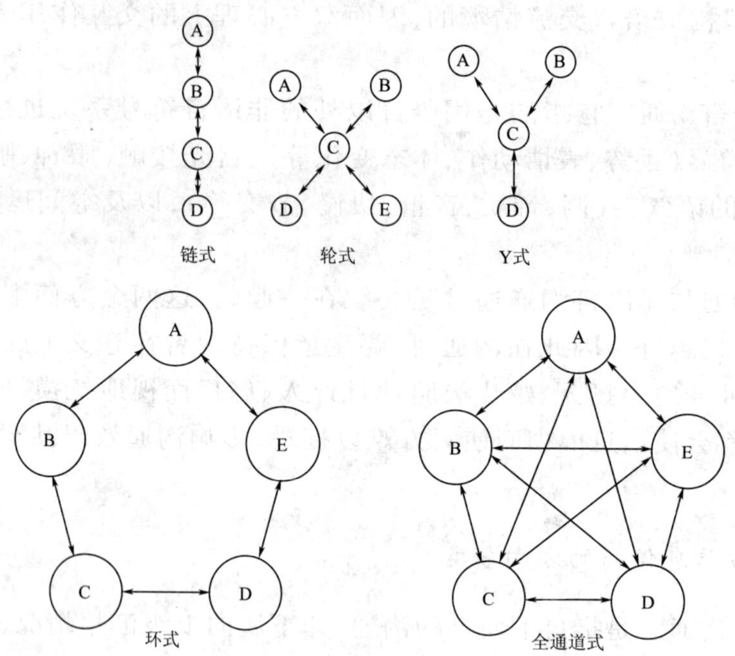

图5-2　五种沟通形态图

（六）按沟通方向的可逆性分类

1. 单向沟通。单向沟通是指信息的发送者和接收者的位置不变的沟通方式，如作报告、演讲、上课，一方只发送信息，另一方只接受信息。这种沟通方式的优点是信息传递速度快，并易保持传出信息的权威性，但较难把握沟通的实际效果，有时还容易使信息接收者产生抗拒心理。当工作任务急需布置，工作性质简单，以及从事例行的工作时，多采用此种沟通方式。

2. 双向沟通。这是指信息的发送者和接收者的位置不断变换的沟通方式，如讨论、协商、会谈、交谈等均属此类沟通。信息发送者发出信息后，还要及时听取反馈意见，直到双方对信息达成共识。双向沟通的优点是，信息的传递有反馈，准确性较高。由于信息接收者有反馈意见的机会，有参与感，有利于保持良好的气氛和人际关系，有助于意见沟通和建立双方的感情。但是，由于信息的发送者随时可能遭到接收者的质询、挑剔或批评，因而对发送者的心理压力较大，要求也较高；同时，这种沟通方式比较费时，信息传递速度也较慢。

莱维特（M. J. Leavitt）曾对单向和双向沟通做过比较研究，结论有：①从沟通速度来说，单向沟通比双向沟通更速度快；②从内容正确性来说，双向沟通比单向沟通好；③从工作秩序来说，双向沟通更容易受到干扰，缺乏条理性；④双向沟通中，接受信息的人对自己的判断较有信心，知道自己对在哪里，错在哪里；⑤对发送信息的人来说，在双向沟通时感到的心理压力较大。一般说来，当工作任务不紧迫、需要准确地传递信息，或处理陌生、复杂的问题，或者要作出重要决策、决定时，宜采用双向沟通的方式。在上下级之间进行双向沟通时，领导者要特别注意"心理差距"对沟通的影响。处在主管地位的人，在下属的心目中往往具有一种"心理巨大性"，而下属对自己则存在一种"心理微小性"。这种心理差距会造成心理上的不平衡，使人们在上级面前不敢畅所欲言，成为双向沟通的心理障碍。要尽量减少领导者与被领导者之间的心理差距，首先要求领导者平易近人，把自己放在与对方平等的地位上，创造一种和谐的气氛。影响领导者与被领导者之间双向沟通的另一个因素，是领导者对不同意见的容忍度。双向沟通的目的是要让下属有公开和坦率地表达意见的机会，然而有些领导者却只爱听顺耳的或对己有利的话，听到"坏"消息就感到不快。这时有的下属为了"顺利通过"，也来个报喜不报忧，看领导脸色行事，这样，就会使双向沟通徒具形式。

二、沟通的方法

在企业活动中，人们都希望明白无误地正确传递信息，克服沟通的障碍，提高沟通的效果。根据本章讲述的沟通的基本过程，要克服沟通的障碍，应当从以下三个方面入手：

（一）发送者

信息发送者是信息沟通中的主体因素，起着关键性作用。要想提高信息传递的效果，必须注意下列因素：

1. 要有认真的准备和明确的目的性。信息发布者首先要对沟通的内容有正确、清晰的理解。在沟通之前，要做必要的调查研究，收集充分的资料和数据，对每次沟通要解决什么问题、达到什么目的，不仅自己心中要有数，也要设身处地的为信息的接收者着想，使他们也能正确理解。

2. 正确选择信息传递的方式。信息发布者要注意根据信息的重要程度、时效性、是否需要长期保存等因素，选择不同的沟通形式。例如，对于有重要保存价值的文件、材料，一定要采用书面沟通形式，以免信息丢失。而对于时效性很强的信息，则要采用口头沟通，甚至运用广播、电视媒体等形式，以迅速扩大影响。

3. 沟通的内容要准确和完整。信息的发送者应当努力提高自身的文字和语言表达能力。沟通的内容要有针对性，语义确切、条理清晰、观点明确，避免使用模棱两可的语言，否则容易造成接收者理解上的失误和偏差。此外，信息发送者对所发表的意见、观点要深思熟虑，不可朝令夕改，更不能用空话、套话、大话对信息接收者敷衍搪塞。若处理不好，常常会引起接收者的逆反心理，形成沟通中不应有的障碍。

4. 沟通者要努力缩短与信息接收者之间的心理距离。沟通是否成功，不仅与沟通的内容有关，而且也与信息发送者的品德和作风有很大的关系。一位作风民主、密切联系群众的领导者，常常会被下属看成是“自己人”，而愿意与其沟通，并自觉地接受他的观点和宣传内容。所以，信息发送者在信息接收者心目中的良好形象是较重要的因素。

5. 沟通者要注意运用沟通的技巧。沟通要尽量使用接收者喜闻乐见的方式，必要时可运用音乐、戏剧、小品等形式，寓教于乐，达到下属接收信息的目的。根据心理学中“权威效应”的概念，尽量安排各个领域的权威、专家、名人参与信息发送。通过他们的现身说法，往往可以使信息传递更具影响力，达到事半功倍的效果。

（二）传递渠道的选择

1. 尽量减少沟通的中间环节，缩短信息的传递链。在沟通过程中，环节和层次过多，特别容易引起信息的损耗。从理论上分析，人与人之间在个性、观点、态度、思维、记忆、偏好等方面存在巨大差别，因此信息每经过一次中间环节的传递，将丢失 30% 的信息量。所以，在信息交流过程中，要提倡直接交流。作为领导者要更多地深入生产一线，多做调查研究，这对信息的传播和收集都会有极大的好处。

2. 要充分运用现代信息技术，提高沟通的速度、广度和效果。现代科学技术的进步，尤其是广播、电视与现代通信技术的发展，为管理沟通创造了良好的外部条件和物质基础。在沟通过程中应该充分利用这些条件，提高沟通效果。例如，运用电话或可视电话召开各种会议，既可以克服沟通活动中地域和距离上的障碍，快速传递信息，又可以减少与会者旅途时间和财力上的损失。此外，与传统的沟通方式相比，利用广播、电视进行广告、新闻发布，在速度和范围等方面有无可比拟的巨大优势。

3. 避免信息传递过程中噪声的干扰。组织中要注意建设完善的信息传递系统和信息机构体系，确保渠道畅通。无论是信息的发布者还是接收者，都要为沟通创造良好的环境，使信息发布者有充足的时间为信息发布做好充分的准备，也使信息接收者有更多的时间去收集、消化所得到的信息，真正落实到行动上。

（三）信息的接收者

1. 信息的接收者要以正确的态度去接收信息。沟通的最终目的在于信息接收者对传递信息的接受和理解，否则沟通将失去意义。在管理活动中，作为领导者，应当把接收和收集信息看成是正确决策和指挥的前提，看成是与下属建立密切关系、进行交流并取得良好人际关系的重要条件。而对于被领导者，应当把接收信息看成是一次重要的学习机会。社会的发展更要求人们不断地进行知识更新，而沟通就是一种主要手段。其次，通过沟通，开阔视野，提高工作水平和工作能力。如果人们都能正确认识接收信息的重要性，沟通的效果就会大大提高。

2. 接收者要学会"听"的艺术。在口头传递信息的过程中，认真地"听"不仅能更多更好地掌握许多有用的信息和资料，同时也体现了对信息传递者的尊重和支持。尤其是各级领导人员在听取下属汇报时，全神贯注地听取他们反映的意见，并不时地提出问题与下属讨论，就会激发下属发表意见的勇气和热情，把问题的探讨引向深入，并进一步加强上下级之间的人际关系。

第三节 沟通的技巧

一、职场沟通三原则

几乎在每一个招聘职位要求中，"善于沟通"都是必不可少的一条。大多数企业的人力资源部宁愿招一个能力一般但沟通能力出色的员工，也不愿招聘一个整日独来独往、我行我素的所谓英才。能否与同事、上司、客户顺畅地沟通，越来越成为企业招聘时注重的核心技能。而对职场的"新手"们来说，出色的沟通能力更是争取别人认可、尽快融入团队的关键。职场新人如何成为沟通高手？

很多人一提起沟通就认为是要善于说话，其实，职场沟通既包括如何发表自己的观点，也包括怎样倾听他人的意见。沟通的方式有很多，除了面对面的交谈，一封电子邮件、一个电话，甚至是一个眼神都是沟通的手段。职场新人一般对所处的团队环境还不十分了解，在这种情况下，沟通要注意把握三个原则：

（一）找准立场

职场新人要充分意识到自己是团队中的后来者，也是资历最浅的新手。一般来说，领导和同事都是你在职场上的前辈。在这种情况下，新人在表达自己的想法时，应该尽量采用低调、迂回的方式。特别是当你的观点与其他同事的观点有冲突时，要充分考虑到对方的权威性，充分尊重他人的意见。同时，表达自己的观点时也不要过于强调自我，应该更多地站在对方的立场考虑问题。

（二）顺应风格

不同的企业文化、不同的管理制度、不同的业务部门，沟通风格都会有所不同。一家欧美的 IT 公司，跟生产重型机械的日本企业员工的沟通风格肯定大相径庭。再如，人力资源部门的沟通方式与工程现场的沟通方式也会不同。新人要注意观察团队中同事间的沟通风格，注意留心大家表达观点的方式。假如大家都是开诚布公，你也就有话直说；倘若大家都喜欢含蓄委婉，你也要注意一下说话的方式。总之，要尽量采取大家习惯和认可的方式，避免特立独行，招来非议。

（三）及时沟通

不管你性格内向还是外向，是否喜欢与他人分享，在工作中，时常注意沟通总比不沟通要好上许多。虽然不同文化的公司在沟通上的风格可能有所不同，但性格外向、善于与他人交流的员工总是更受欢迎。新人要利用一切机会与领导、同事交流，在合适的时机说出自己的观点和想法。

二、如何解决沟通不当

沟通是面双刃剑，说了不该说的话、表达观点过激、冒犯了他人的权威、个性太过沉闷，都会影响你的职业命运。因为沟通出现问题而给职业生涯带来不利的案例很多，那么新人在沟通中到底需要避免哪些“雷区”？

（一）仅凭个人想当然来处理问题

有些新人因为性格比较内向，与同事还不是很熟悉，或是碍于面子，在工作中碰到问题，遇到凭个人力量难以解决的困难，或是对上级下达的工作指令一时弄不明白，不是去找领导或同事商量，而是仅凭自己个人的主观意愿来处理，到最后往往差错百出。

方法：新人在工作经验不够丰富时，切忌想当然地处理问题，应多向领导和同事请教，这样一来可以减少工作中出差错的机会，二来也能加强与团队的沟通，迅速融入团队。

（二）迫不及待地表现自己

所谓初生牛犊不怕虎，刚刚参加工作的新人总是迫不及待地把自己的创新想法说出来,希望得到大家的认可。而实际上,你的想法可能有不少漏洞或者不切实际之处,急于求成反而会引起他人的反感。

方法:作为新手,处在一个新环境中,不管你有多大的抱负,也要本着学习的态度,有时"多干活儿少说话"不失为好办法。

(三)不看场合、方式失当

上司正带着客户参观公司,而你却气势汹汹地跑过去问自己的保险从何时开始交,上司一定会认为你这个人鲁莽;开会的时候你总是一声不吭,而散会后却总是对会议上决定的事情喋喋不休地发表观点,这怎能不引起他人反感……不看场合、方式失当的沟通通常会失败。

方法:新人在沟通中要注意察言观色,在合适的场合、用适当的方式来表达自己的观点,或与他人商讨问题。

案例分析

一天一位老太太拎着篮子去楼下的菜市场买水果。她来到第一个小贩的水果摊前问道:"这李子怎么样?"

"我的李子又大又甜,特别好吃。"小贩回答。

老太太摇了摇头没有买。她向另外一个小贩走去问道:"你的李子好吃吗?"

"我这里是李子专卖,各种各样的李子都有。您要什么样的李子?"

"我要买酸一点儿的。"

"我这篮李子酸得咬一口就流口水,您要多少?"

"来一斤吧。"老太太买完李子继续在市场中逛,又看到一个小贩的摊上也有李子,又大又圆非常抢眼,便问水果摊后的小贩:"你的李子多少钱一斤?"

"您好,您问哪种李子?"

"我要酸一点儿的。"

"别人买李子都要又大又甜的,您为什么要酸的李子呢?"

"我儿媳妇要生孩子了,想吃酸的。"

"老太太,您对儿媳妇真体贴,她想吃酸的,说明她一定能给您生个大胖孙子。您要多少?"

"我再来一斤吧。"老太太被小贩说得很高兴,便又买了一斤。

小贩一边称李子一边继续问:"您知道孕妇最需要什么营养吗?"

"不知道。"

"孕妇特别需要补充维生素。您知道哪种水果含维生素最多吗?"

"不清楚。"

"猕猴桃含有多种维生素,特别适合孕妇。您要给您儿媳妇天天吃猕猴桃，她一高兴，说不定能一下给您生出一对双胞胎。”

“是吗？好啊，那我就再来一斤猕猴桃。”

“您人真好，谁摊上您这样的婆婆，一定有福气。”小贩开始给老太太称猕猴桃，嘴里也不闲着：“我每天都在这儿摆摊，水果都是当天从批发市场找新鲜的批发来的，您媳妇要是吃好了，您再来。”

“行。”老太太被小贩说得高兴，提了水果边付账边应承着。

三个小贩对着同样一个老太太，为什么销售的结果完全不一样呢？

习题

一、名词解释

1. 链式沟通

2. 轮式沟通

二、思考题

1. 对沟通三原则的理解。

2. 讨论：对案例分析的见解。

第六章 职业形象

学习目标

1. 理解职业形象的意义;
2. 掌握职业礼仪的原则;
3. 能在各种职业环境中规范自己的礼仪。

第一节 职业形象概述

一、礼仪的含义与表现形式

礼仪是人们在社会交往活动中形成并得到共同认可的敬重他人、美化自身的各种行为规范、准则及程序,礼貌、礼节、仪表、仪式等都属于礼仪的基本形式,它们相互联系。遵循礼仪就必须在思想上对交往对方有尊敬之意,谈吐举止符合礼貌要求;注重仪容、仪态、风度和服饰;在正式的礼仪场合,遵循一定的典礼程序等。孔子说:“博学于文,约之以礼”。孟德斯鸠曾说过:“没有绝对的自由,规矩是约束我们行为的,同时也是给我们自由保证的”。在现代社会,礼仪可以有效地展现施礼者和还礼者的修养、风度和魅力,体现着一个人对他人和社会的认知水平、尊敬程度,是一个人的学识、修养和价值的外在表现,是人与人之间交流感情、表达心意、促进了解的一种形式,是人际交往中不可缺少的润滑剂和联系纽带。

目前,随着中国同世界各国交流的增多,西方的礼仪文化迅速传入我国,丰富了我国的礼仪规范,使之更加符合国际惯例的要求。我国现代礼仪在中国传统礼仪的基础上,继承和发扬了中华民族在礼仪方面的优良传统,同时又在新的层次上同国际礼仪接轨,符合国际通行原则的礼仪范围。同西方礼仪相比,我国礼仪具有以下特点:一是重视血缘和亲情;二强调共性;三谦虚谨慎、含蓄内向;四是讲究礼尚往来。与中国礼仪相比,西方礼仪除具有强调个性、崇尚个性自由、简易务实的特点外还特别尊重女性,主张女士优先,在交际活动中,总是给女性以种种特权,关心女性、帮助女性、保护女性。对"平等、自由、开放"的追求也是西方礼仪的一个重要特点。西方礼仪在交往中提倡人人平等,包括男女平等、尊重老人、爱护儿童,尊重和培养儿童的自主精神。

二、礼仪的本质特征及原则

(一)礼仪的本质特征

1. 规范性。礼仪不仅约束着人们在一切交际场合的言谈话语、行为举止,使之合乎礼仪,同时也是人们在一切交际场合的"通用语言",是衡量他人和判断自己是否自律、敬人的尺度。

2. 继承性。各国的礼仪都具有鲜明的民族特色,离开了对本国、本民族既往礼仪成果的传承和扬弃,就不可能形成当代礼仪。

3. 多样性。礼仪与每一个人的生活密不可分,它广泛涉及不同的生活、学习和工作领域;同时,不同的个人,在他的生活、学习和工作的特定领域里又有特定的礼仪要求。

4. 变化性。一方面是社会自身的进化使礼仪不断发展、完善,同时礼仪习俗也随着时代、地域和对象的不同而变化;另一方面,对外交流范围的扩大,各国政治、经济、思想、文化等各种因素的渗透,使礼仪在历史传统的基础上增加了新的内容。

5. 可操作性。礼仪既有总体上的原则、规范,又在具体的细节上以一系列的方式、方法,仔细周详地对原则、规范加以贯彻,能够为其广觅知音,使其被人们广泛地运用于交际实践,并得到广大公众的认可。

6. 限定性。在场合不同、身份不同的情况下,所要应用的礼仪往往不同,有时甚至差异很大。一般而言，适合运用礼仪的，主要是初次交往、因公交往、对外交往三种交际场合。

（二）礼仪的原则

1. 尊敬的原则。尊敬是礼仪的情感基础。在当今的人际交往中，人与人是相互平等的，无论职务高低、年龄长幼、民族大小、种族强弱，人格上没有贵贱之分。

2. 遵守的原则。人际交往中，每个人都必须自觉、自愿地遵守礼仪，用礼仪去规范自己在交际活动中的言行举止。

3. 宽容的原则。人们在交际活动中运用礼仪时，既要严于律己，更要宽以待人。要多容忍他人，多体谅他人，多理解他人。

4.“自律”的原则。礼仪的自律原则，要求人们从内心树立良好的道德信念和行为准则，并以此约束自己的行为，自觉按照礼仪规范去做，而无需外界的提示和监督。

5. 适度的原则。社会交往中应该讲究礼仪，但应针对不同的场合、不同的对象把握好分寸。那种认为在任何情景下都是“礼多人不怪”的看法是片面的。

第二节 个人礼仪

一、仪容的规范与塑造

小王身材高大，口头表达能力好，对公司产品的介绍很得体，做事踏实、认真，在业务人员中学历最高，老总对他抱有很大期望，可做销售代表半年多了，业绩总上不去。

问题出在哪儿呢？

原来，他是个不修边幅的人，双手拇指和食指喜欢留着长指甲，指甲里经常藏着很多“东西”，头发油腻腻的，脖子上的白衣领经常是黑色，有时候手上还写着电话号码。他喜欢吃大饼卷葱，吃完后，不知道去除异味的必要性。在大多数情况下，客户不愿意与他见面。

在竞争日益激烈的今天，仪容对一个人的作用是绝不可忽视的。形象创造价值、形象决定命运的说法绝不是夸大之词。

通过学习，使大家更好地了解一个人在社会交往中的常规礼仪，以塑造出社会承认的、受欢迎的个人形象。一是个人良好的仪容卫生是基础。二是头发是仪容的中心，要注意发型修饰。三是美容化妆是仪容的重点，化妆应以自身面部客观条件为基础;应与环境、场合、时间、年龄、身份、服饰、发型协调一致;要突出重点,以点带面。

二、服饰的原则

古今中外,着装从来都体现着一种社会文化,体现着一个人的文化修养和审美情趣,是一个人身份、气质、内在素质的无言的介绍信。从某种意义上说,服饰是一门艺术,服饰所能传达的情感与意蕴甚至不能用语言所替代。正确得体的着装,不仅能体现个人较高的精神面貌和文化修养,给人留下良好印象,而且还能够提高与人交往的能力。总的来说,着装需要时间、地点、场合、身份以及色彩的相互协调。

着装的基本原则:

1. TOP 原则。TOP 分别代表时间(Time)、场合(Occasion)和地点(Place),即着装应该与当时的时间、所处的场合和地点相协调。

2. 色彩搭配原则。一般来说,黑、白、灰是服装搭配时最常用的三种颜色,它们最容易与其他颜色的服装搭配并取得很好的效果。如果你对配色不是很在行,你可以大胆地使用这三种颜色。除此之外,服装色彩的搭配要遵循上深下浅或上浅下深的原则,可采取同类型配色或衬托配色的方式。

3. 协调性原则。着装应与自身条件相协调;着装应与从事的职业相协调。

三、言谈举止礼仪

1. 交谈的语言礼仪。交谈是人与人交往的重要方式,是人的知识、聪明才智和应变能力的综合表现,交谈具有很强的临场性、现实性和及时性等特点。交谈的礼仪原则:平等原则;制约原则;真诚原则;禁忌原则。

2. 交谈的技巧。交谈是人们传递信息、情感,增进彼此了解和友谊的一种方式。但要想把话说好却不是件轻而易举的事。要使交谈达到很好的沟通效果,人们应该培养和提高自己的交谈技巧。但有一些禁忌需要注意:夸夸其谈、以自我为中心、唠唠叨叨、好胜争辩。

四、仪态礼仪

仪态,又称"体态",是指人的身体姿态和风度。姿态是身体所表现的样子,风度则是内在气质的外在表现。人的一举手、一投足、一弯腰乃至一颦一笑,并非偶然的随意的,这些行为举止自成体系,像有声语言那样具有一定的规律,并具有传情达意的功能。人们可以通过自己的仪态向他人传递个人的学识与修养,并能够以其交流思想、表达感情。

1. 站姿。站姿的要领是:一要平,即头平正、双肩平、两眼平视;二是直,即腰直、腿直,后脑勺、背、臀、脚后跟成一条直线;三是高,即重心上拔,看起来显得高。

2. 坐姿。坐姿是一种可以维持较长时间的姿势。它既是一种主要的白昼休息姿势,也是一般的工作、劳动、学习姿势,还是社交、娱乐的常见姿势。坐姿要求端正、大方、舒展。

3. 走姿。正确的行走,上体的稳定与下肢的频繁规律运动形成和谐对比;干净利落、鲜明均匀的脚步,形成节奏感;前后、左右行走动作的平衡对称,都会呈现行走时的形态美。

4. 表情。面部表情作为丰富且复杂的体态语的一个重要方面,包括脸色的变化、肌肉的收展以及眉、鼻、嘴等的动作。

5. 手势。在社会交往中,手势有着不可低估的作用,生动形象的有声语言再配合准确、精彩的手势动作,必然能使交往更富有感染力、说服力和影响力。

第三节 交往礼仪

一、打招呼的礼仪

据说清朝大臣李鸿章出使德国时,应斯麦之邀赴宴。由于不懂西餐的礼仪习惯,竟误将洗手用的一碗水端起来喝了。斯麦为了不使李鸿章丢丑,便也将自己的洗手水一饮而尽。参加宴会的其他文武官员见此情况,也只得忍笑奉陪。当你与人交往时,你是否懂得会晤、电话、送礼、宴请、聚会等礼仪知识呢?

打招呼在人际关系中,能发挥润滑剂的功效。打招呼的目的,并不是为了要跟对方有进一步的交往,只不过是一种礼仪形式。其实不论任何人,当有人微笑着和自己打招呼时,都会受到感染,像是见到阳光一般,心情也会跟着好起来。如果遇到熟人不打招呼或者别人给你打招呼时你装作没听见,是不礼貌行为。打个招呼发生在瞬间,却影响久远。

1. 打招呼的原则。在任何场合,都要主动先打招呼;不能瞧不起对方,也不要因害羞或心情不好而不跟别人打招呼;看到对方时要面带微笑,友好示意;与别人打招呼时要神情专注,吐字清楚。

2. 打招呼的方式。打招呼的方式可以灵活机动,多种多样,常见的有问好、问安,如轻轻点头,主动问候"早上好"、"您好"等,如果对方没有反应,则该考虑是否因为自己的声音太小了。有的可以祝福,有的可以握手,有的甚至可以拥抱,有的点头,有的挥手、招手,有的微笑,有的喊一声,有的唉一声,等等。

3. 对打招呼的回应。别人向你打招呼时，要向别人认真地、及时地、热情地回谢。把“谢谢”二字说得恰到好处也很有学问，口与眼要紧密配合，嘴里说“谢谢”时，眼神里一定要表现出真诚，不是漫不经心地随便应付一句。

二、会晤礼仪

1. 称呼。称呼是表达人的不同思想感情的重要手段，得体的称呼是悦耳的声音，是打开对方心扉的一把钥匙。

2. 使用称呼要规范。称呼的使用是否规范，是否表现出尊重，是否符合彼此的身份和社会习惯，是一个十分重要的问题。在社会活动中，人们之间互相接触，称呼问题必然频繁地出现。交际场合中使用称呼就高不就低，入乡随俗，摆正位置，以对方为中心。

3. 介绍。介绍是社会交际活动的重要环节，它是彼此不熟悉的人们开始交往的起点。通过介绍能帮助人们扩大社交范围，加快彼此之间相互了解，沟通情感；介绍能缩短人与人之间的距离，使人产生亲切感。

4. 握手。握手是人们在社交场合中司空见惯的礼仪，它看似简单，却是与人沟通、交往的重要手段。

三、名片礼仪

名片是现代人的自我介绍信和社交的联谊卡。作为社交的联谊卡，它有如下作用：建立今后联系所必需的信息；使用名片可以使人们在初识时就能充分利用时间交流思想感情，无须忙于记忆；可以使人们在初识时言谈举止更得体，不会因要了解对方情况又顾忌触犯别人的隐私而左右为难，也不会因要介绍自己的身份和职位而引起别人的不快；使用名片可以不必与他人见面便能与其相识。在今天这个快节奏的时代，名片可以代替正式的拜访。

四、电话礼仪

在高度信息化的今天，电话是人际交往中最便捷的通信工具，是社会组织公共关系活动的桥梁、友好往来的纽带。打电话是一种语言艺术。懂得问候，善于问候，语言得体，文明礼貌的电话形象，能使人在商务公关中左右逢源，如鱼得水，大大提高工作效率，能够为企业、公司赢得最大的效益。因此，学习电话礼仪，掌握打电话、接电话的方法与技巧，能帮助你提高电话交流能力，为你量身打造一个彬彬有礼的电话形象。

第四节 职业礼仪

一、求职礼仪

某公司招聘一名秘书,待遇优厚,应者如云。某大学中文系毕业生小王同学前往面试,她的背景材料很好:大学本科,在各类刊物上发表的作品达3万字,内容涉及小说、诗歌、散文、评论和政论等,同时,还为本市六家公司策划过周年庆典,英语表达极为流利,书法也堪称佳作。小王长得五官端正,身材高挑、匀称。聘者拿着她的材料等她进来。她穿着迷你裙,露出藕段似的大腿,上身是露脐装,涂着鲜红的唇膏,轻盈地走到面试官面前,大方地坐下,随后跷起了二郎腿,笑眯眯地等着问话,三位招聘者看着小王,互相交换了一下眼色,说:"王小姐,请回去等通知吧。"小王喜形于色:"好!"挎起小包一溜烟跑出门了。

你认为小王的应聘会成功吗?如果不能成功,问题又出在哪呢?

无论是学校的应届毕业生,还是辞职另谋出路的求职者,都面临同样的一个问题,那就是求职面试。一个求职的人,肯定希望在面试时给面试官留下良好的第一印象,从而增大求职成功的可能性。所以,了解面试时一些必要的礼节,是非常重要的,是所有求职者迈向成功的关键一步。

1. 面试前的准备。面试其实就是一场没有硝烟的战争,在这场战争中,你要征服的是面试官,击败的是其他的竞争对手。对于你自己和你将要求职的公司,你应该要做到知己知彼。一是分析自己,二是分析求职对象。

2. 面试时的礼仪。面试时首先遇到的就是究竟应何时到达面试地点最为恰当。其次,进入面试官办公室时,应注意以下事项:应先敲门,听到"请进"后再进入,进入后首先应向面试官问好,等面试官示意坐下后才可就座;如果有座位安排,应坐上安排的位子;若无指定位置,可以选择面试官对面的位子坐定,以方便与面试官面对面交谈。第三,自我介绍的礼仪,自我介绍越简洁越好。

3. 面试后的礼仪。首先,在面谈结束三天后,写信给面试官致谢不仅可体现出你对面试官的尊敬,而且还可以帮助面试官在决定雇用何人时想到你。其次,如果你被几家公司同时录取,并决定接受其中一个职位,有必要向被你拒绝的公司写信表示感谢,也许将来会有一天换到那家公司工作。这封致谢信会给对方留下良好的印象。

二、公务礼仪

1. 接待礼仪。首先要根据接待工作的特点和要求，做好各项接待准备工作，主要包括以下几个方面：了解有关情况；确定接待规格；做好接待计划。其次，接待上要注意：在接待重要客人时，要安排正式的接待仪式；接待一般客人，可省去正式仪式，主要是做好各项安排。第三，接待中应注意的礼仪是：迎宾礼仪，要友好问候、热情服务、主动关心、注意细节；送宾礼仪，要细致周到、搬运行李、礼貌谦恭、依依惜别。

2. 谈判礼仪。谈判是一场知识、信息、心理、修养、口才乃至风度的较量，为了取得谈判的成功，在谈判桌上必须遵循一定的礼仪规范：座次安排，双方主谈人员应各自坐在己方一侧的正中间。副手或翻译坐在主谈人员右边的第一个座位，其他参谈人员以职位高低为序，依次"右一个，左一个，右一个……"，分别坐在主谈人员的两侧；谈吐举止，要文雅大方，谦虚有礼，不可拘谨慌张；衣着打扮，要正式一些，以表示对谈判的重视和有充分的准备；语言使用，用语要清晰易懂，口语要尽可能标准，注意使用文明礼貌用语，体现自身的职业道德和商业形象；提问方式，要礼貌地提问，问话方式要委婉，语气要亲切平和，用词要斟酌，不能把提问变成审问和责问。

三、会议礼仪

会议是为实现一定的事务目的，由主办或主持单位组织的、由不同层次和不同数量的人们参加的一种活动。

1. 发布会礼仪。发布会一般指新闻发布会，又称记者招待会，首先，精心准备，最重要的是要做好人员的安排、记者的邀请、会场的布置和材料准备等。其次，人员安排关键是要选好主持人和发言人。第三，地点选择可考虑在本单位或事件所在地举行，也可考虑租用大宾馆、大饭店，其基本要求是交通便利、条件舒适、大小合适。第四，会场布置会议的桌子最好不用长方形的，小型会议要用圆形的，大家围成一个圆圈，显得气氛和谐、主宾平等；大型会议应设主席台席位、记者席位、来宾朋友席位等。第五，细致签到。第六，遵守程序。第七，相互配合。第八，态度真诚。

2. 展览会礼仪。展览会是一种非常直观、形象、生动的传播方式。主持人是一个展览会的操纵者，应该表现出决定性人物的权威性。讲解员应做到热情礼貌，讲解流畅，生动易懂。介绍的内容要实事求是，语调要清晰流畅，声音要洪亮悦耳，语速要适中。接待员站着迎接参观者时，要保持正确的站姿，面带笑容，热情大方。当观众入场时，要友好问候，热烈欢迎。

3. 赞助会礼仪。赞助是指组织对某一社会事业、事件无偿地给予捐赠或资助,从而扩大组织的知名度与美誉度,树立美好形象的活动,赞助会是举行某项赞助所采用的具体形式。场地的布置,要大小适宜,干净整洁。人员的选择上,既要有充分的代表性,又不必在数量上过多。会议的议程上应该周密、紧凑,其全部时间不应超过一小时。

4. 联欢会礼仪。联欢会是一个广泛的概念,它包括各种组织举办的节日联欢会、各种文艺晚会、游艺晚会等。参加联欢会、观看演出时应严守以下礼仪规范:提前入场;专心观看;适时鼓掌。

四、仪式礼仪

仪式是指在人际交往中,特别是在一些比较重大、庄严的正式场合里,为了激发起出席者的情感,或者为了引起其重视,而郑重其事地参照某种程序,按部就班地举行的某种活动的具体形式。

1. 签字仪式。签字仪式是组织与对方经过会谈、协商,形成了某项协议或协定,再互换正式文本的仪式,它是一种比较隆重的活动,礼仪规范也比较严格。一是签字仪式的准备;二是确定双方的参签人员;三是布置签字厅。签字仪式的程序主要有以下几项:签字各方人员落座,签字仪式开始;签字人签署文本;交换合同文本;共同举杯庆贺;有秩序退场。

2. 开幕仪式。开幕仪式是指公司、企业、宾馆、商店、银行等正式开业前,或各类商品的展示会、博览会、订货会正式开始之前,所举行的相关仪式。开幕式由经办方负责主持,由经办方邀请各方代表出席。其主要程序为:宣布仪式开始,全体起立,介绍来宾;邀请专人揭幕或剪彩;在主办方的亲自引导下,全体到场者依次进入幕门;主办方致辞答谢;来宾代表发言祝贺;主办方陪同来宾参观,开始正式接待顾客或观众,对外营业或对外展览宣告开始。

3. 升旗仪式。国旗是一个国家的标志,是国家及其民族精神的象征。人们在举行各种活动时,常常会举行升旗仪式,以表示对国旗的热爱和尊重。需要举行升旗仪式的活动有:接待外国元首、政府首脑;大型国际体育比赛;大型节日庆典、纪念活动;召开国际会议等。升旗仪式大体相同,即事先准备好需用的国旗,并将国旗整理好由两个或四个人拖着。当主持人宣布升旗仪式开始时,升旗手将国旗迎风展开,当乐队奏国歌时,升旗手随着国歌的节奏缓缓地向上升旗,国歌结束,国旗正好升至杆顶。举行升旗仪式时,所有的人都应站立,目光注视国旗,表情崇敬、严肃,除新闻记者外,其他人不可随便走动,更不能交头接耳,追逐嬉笑。升旗时也可以随着国歌的乐曲默唱歌词。

4. 颁奖仪式。颁奖仪式是指为了表彰、奖励某些组织或个人所取得的成绩、成就而进行的一种仪式。其礼仪主要有:颁奖仪式的准备;颁奖仪式程序的确定。

五、信函礼仪

信函通常指信件。它一般包括社交信函、商务信函、公务信函等，这里先简单介绍一下中国的信函及其礼貌用语。

1. 信函的格式。信函的格式通常包括称呼、正文、署名与日期以及信封等几部分。

2. 商务信函的礼仪规则。一是格式正确，大体都分三部分，即开头、正文与结尾。二是称谓得体，一般情况下，要正确使用对方的姓名与头衔。在格式上，称呼语在信的第一行起首的位置单独成行，以示尊重。三是内容得当，应根据收信人的特点和写信人与收信人的关系来进行措辞。四是语言规范，开门见山，把最重要的内容写在最前面，对收信人可能提出的问题应尽量先做回答。五是结尾讲究，商务信函的结尾部分一般要有结束语、致敬语、署名或签名，以及日期。结束语如“特此函告”“专此说明”等，致敬语如“此致敬礼”“顺祝商祺”等。署名、签名可并用，也可签名单独用，函件一般还需要加盖公章。人们很重视亲笔签名，有人接到信后还要仔细辨认是亲笔签名还是签章。

习题

一、名词解释

礼仪

二、思考题

1. 日常生活中违反服装礼仪规范的常见现象有哪些？

2. 为什么在人际交往中需要多一点微笑？怎样才能做到恰到好处的微笑？

3. 求职应注意的事项有哪些？

4. 参加升旗仪式应注意哪些礼仪？

[1] 王通讯.职业生涯话管理[J].中国人才,1997(1).
[2] 沈登学,孔勤.职业生涯设计学[M].成都:四川大学出版社,2003.
[3] 闫静.理想求职与职业生涯设计[M].北京:新时代出版社,2002.
[4] 陈碧华,许向东.大学生职业生涯规划与就业指导[M].北京:中国铁道出版社,2007.
[5] 何任叔.专业技术人员基础知识读本[M].北京:国家行政学院出版社,2007.
[6] 李海萍.论职业心理素质与职业选择[J].中国职业技术教育期刊,2006(15).
[7] 张大均.师范大学生职业心理素质发展与教育[M].重庆:西南师范大学出版社,2002.
[8] 吴德慧.优秀员工必备的七种能力[M].北京:中国电影出版社,2007.
[9] 于富荣.你能胜任吗?卓越员工必备的9大能力[M].北京:机械工业出版社,2006.
[10] 余世维.赢在执行[M].北京:中国社会科学出版社,2005.
[11] 梁莉芬.商务沟通[M].北京:中国建材工业出版社,2003.
[12] 孙健敏,徐世勇.管理沟通[M].北京:清华大学出版社,2006.
[13] 梁明波,金春华,田林子.管理学[M].北京:社会科学文献出版社,2006.
[14] 李社教.沟通艺术[M].郑州:河南大学出版社,2006.
[15] 朱瑞.商务礼仪[M].北京:中国长安出版社,2006.
[16] 赵洪立,金波.现代礼仪[M].北京:中国商业出版社,2006.